内蒙古自然资源
少儿科普丛书

矿物藏宝图

KUANGWU CANGBAOTU

内蒙古自然博物馆 / 编著

内蒙古人民出版社

图书在版编目(CIP)数据

矿物藏宝图 / 内蒙古自然博物馆编著. --呼和浩特 : 内蒙古人民出版社, 2021.7

(内蒙古自然资源少儿科普丛书)

ISBN 978-7-204-16760-9

Ⅰ. ①矿… Ⅱ. ①内… Ⅲ. ①矿产资源-内蒙古-少儿读物 Ⅳ. ①P617.226-49

中国版本图书馆 CIP 数据核字(2021)第 093835 号

矿物藏宝图

作　　者 内蒙古自然博物馆
策划编辑 贾睿茹
责任编辑 孙　超
责任校对 郭静赟
责任监印 王丽燕
封面设计 宋双成
音频制作 张怀远
出版发行 内蒙古人民出版社
地　　址 呼和浩特市新城区中山东路 8 号波士名人国际 B 座 5 层
网　　址 http://www.impph.cn
印　　刷 内蒙古爱信达教育印务有限责任公司
开　　本 787mm×1092mm　1/16
印　　张 12.5
字　　数 260 千
版　　次 2021 年 8 月第 1 版
印　　次 2021 年 8 月第 1 次印刷
书　　号 ISBN 978-7-204-16760-9
定　　价 48.50 元

如发现印装质量问题,请与我社联系。联系电话:(0471)3946120

在我国，沙漠玫瑰主要分布在内蒙古自治区阿拉善盟的戈壁沙漠中。沙漠玫瑰的硬度非常低，指甲的硬度都在2~2.5度之间，而它却只有2度，它组成成分主要为含水硫酸钙，也就是我们熟知的石膏。按沙漠玫瑰的生长形态分，沙漠玫瑰可分为单体、联体、枝状和丛状四种类型。

《 沙漠玫瑰

沙漠玫瑰

在荒凉恶劣的沙漠中，盛开着一朵永远不会凋谢的独特的“花”，它酷似一簇簇盛开的玫瑰花，但它却是一种生长在沙漠中的石头，它就是“沙漠玫瑰”。沙漠玫瑰是戈壁石的一种，它是方解石、石英和硬透石膏的共生结合体，它产自古若水的河床之中，是火山岩冷却凝固后，在大自然中经历长期的风吹日晒后形成的一种矿物。

沙漠玫瑰 ≫

碧玉的硬度在6~6.5之间，产自中国、加拿大、新西兰、俄罗斯等地，中国的碧玉主要产自新疆准格尔盆地的玛纳斯和天山北麓，玛纳斯所产的碧玉被称为“玛纳斯玉”，又叫天山碧玉、新疆碧玉。

《 碧玉

《内蒙古自然资源少儿科普丛书》
编委会

小小探险家

这场内蒙古探秘之旅 你准备好了吗？

我们为正在阅读本书的你　提供了以下专属服务

★探秘必备法宝★

本书讲解音频：跟随讲解的声音，探秘内蒙古自然资源！

配套电子书：在线读一读，内蒙古自然资源知识超齐全！

领取探秘工具

自然卡片扫一扫，大自然的秘密都被你发现啦！

拍照记科普笔记，有趣的科普知识通通帮你存好了！

趣味测一测，原来你对自然资源这么了解哦！

拓展探秘知识

看看科普视频，大自然的科普竟然这么有趣！

翻翻优选书单，噢！你的探秘技能也翻一番！

微信扫码

添加 智能阅读小书童

告诉你内蒙古探秘的好去处

前 言

壮美的内蒙古横亘祖国北疆，跨越东北、华北、西北三区，土地总面积118.3万平方公里。内蒙古是我国重要的生态功能区，自然禀赋得天独厚，拥有草原、森林、水域、荒漠等多种独特的自然形态和自然资源。内蒙古的森林面积居全国之首。内蒙古保有矿产资源储量居全国之首的有22种，居全国前三位的有49种，居全国前十位的有101种。内蒙古人民珍爱自然，已建立自然保护区182个、国家森林公园43个、国家湿地公园49个，还有世界地质公园3个、国家地质公园8个。

绿色是内蒙古的底色，也是内蒙古未来发展的方向。习近平总书记指出:“内蒙古生态状况如何，不仅关系全区各族群众生存和发展，而且关系华北、东北、西北乃至全国生态安全。把内蒙古建成我国北方重要生态安全屏障，是立足全国发展大局确立的战略定位，也是内蒙古必须自觉担负起的重大责任。”

绿水青山就是金山银山。自然是人类赖以生存和发展的根基。广袤的草原、肥沃的土地、水产丰富的江河湖海等，不仅给人类提供了生活资料来源，也给人类提供了生产资料来源。人类善待自然，按照大自然规律活动，取之有时，用之有度，自然就会慷慨地馈赠人类。正如《孟子》所说:“不违农时，谷不可胜食也；

数罟不入洿池，鱼鳖不可胜食也；斧斤以时入山林，材木不可胜用也。”我们要牢固树立绿色发展理念，坚持走生态文明之路。

培养绿色发展理念，首先要熟悉热爱大自然。内蒙古自然博物馆是内蒙古首座集收藏陈列、科学研究、科普教育为一体的大型自然博物馆，是国内泛北极圈自然资源特色鲜明、收藏和展示功能一流的自然博物馆，更是宣传内蒙古、让世界人民了解内蒙古的窗口和平台。为了让少年儿童充分了解内蒙古的自然资源，内蒙古人民出版社联合内蒙古自然博物馆出版了《内蒙古自然资源少儿科普丛书》。丛书包含动物、植物、矿物及古生物四个主题，着重介绍了它们鲜为人知的有趣知识，让少年儿童了解它们的故事，进而培养保护自然的意识。

《内蒙古自然资源少儿科普丛书》凝聚着博物馆人对内蒙古自然资源的理解与感受。在丛书或长或短的文字描绘中，知识只是背景，感受才是主体。请随着我们的目光，细细观察每一个物种、每一种矿产，聆听它们的生动故事，感受大自然的殷切召唤。

编委会

2021年8月

目录 CONTENTS

矿物与晶体 77

地球上的岩石

46亿年前的地球只是一团小小的星云，它经过持续不断地演变，逐渐成为今天的这个样子。地球是我们生长和生活的家园，我们作为它的子民，正在努力地探索它、了解它。我们不光走在了地面上，我们还飞到了天空上、潜入了海水里，也走进了无尽的地下世界。地球可以被分为三层，从内而外依次是：地核、地幔、地壳。而我们人类脚踩的大地就是地球的最外层，也是最薄的一层——地壳。在这地壳之中蕴藏着各种各样的岩石和矿物，它们和我们人类以及动植物一样，在进行着不断的更迭换代，以“长江后浪推前浪”的方式悄悄循环，使大地中蕴含着许多未知的奥秘。

岩浆岩

变质岩 》

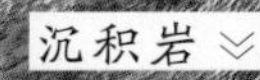

岩石的种类

岩浆岩

岩石在我们的生活中无处不在，当它处于800℃的高温中的时候，就会变成岩浆。在距离地表400千米的大地深处，温度已经超过了1600℃，岩浆便充斥其中。岩浆岩是由喷出的岩浆经过冷却、凝固结晶后形成的一种新的矿物。岩浆岩又称火成岩，可分为喷出岩、深成岩和浅成岩。其中，深成岩和浅成岩是岩浆入侵地下不同深度内形成的一种岩浆岩，因此称为“侵入岩”。

深成岩

深成岩位于距地表3000米以上的地下深处，它是经过缓慢冷却凝固形成的岩石，它是一种全晶质粗粒岩石，即岩石完全由结晶的矿物构成、如花岗岩、闪长岩、辉长岩、橄榄岩等。深成岩与喷出岩的形成方式类似，都是通过岩浆的冷凝形成的，但二者的区别在于，深成岩的冷凝过程比较缓慢，而喷出岩的冷凝过程是非常迅速的。花岗岩在地壳中的分布极其广泛，它的占比可以达到大陆地壳中所有岩浆岩的一半以上。

辉长岩 ≫

橄榄岩 ≪

闪长岩 ≪

闪长岩 ≪

喷出岩

喷出岩是岩浆喷出地表后，迅速冷凝形成的一种岩石，它的形成与火山有着密不可分的关系，因此，喷出岩又被称为“火山岩”。如果你身处韩国的济州岛，你会发现那里石头的颜色又灰又黑，并且它们的表面还有许多圆圆的小孔，凹凸不平，这就使得在济州岛海边光脚走路，就像走在“指压板”上一样。其实，济州岛是一个由火山喷发形成的岛屿，而那些长有许多圆孔的岩石，就是我们所说的喷出岩。因为它有着凹凸不平的表面，因此在我们的生活中，它经常被当作磨脚石来使用。

其实，并不是所有的喷出岩都会有这些小圆孔，只有喷出的岩浆层较薄时才会形成这种密布小孔的岩石，而较厚的时候，就会形成与深成岩性质相似的岩石，往往呈细粒至玻璃质岩石，常常具有斑状结构，如玄武岩、安山岩、流纹岩等。在德国，大街小巷的路面中都有流纹岩的身影。玄武岩是分布最广并且体积最大的一种喷出岩。

济州岛

浅成岩

浅成岩是地下的岩浆入侵地壳内部1.5~3千米深度，通过结晶作用形成的一种岩浆岩，它常常具有细粒、隐晶质及斑状结构。

岩盖 »

浅成岩

沉积岩

地球各个板块的碰撞挤压使得大陆开启了“造山模式”，许多形成于地球深处的岩石因此“重见光明”，被搬运到了地表上，开始不断经受狂风、雨水等大自然带来的侵蚀。这些“饱经风霜”的岩石被切割、打磨变成一个个细小的碎块、砂砾甚至是细砂，它们有的被风吹走，在一处停留堆积形成了沙丘；有的则被水流冲走，寻找自己的落脚之地。大型喀斯特地貌便是水力作用下形成的景观。岩石们的旅行在不断继续，最终它们将沉淀下来，固结形成一种新的岩石——沉积岩。地球地表70%的岩石都是沉积岩，但在整个岩石圈中，它却只占5%。沉积岩主要包括：石灰岩、砂岩、页岩等。沉积岩在一处沉淀下来后，不断会有一波又一波的“新成员”覆盖在它们的上面，因此，越是下层的岩石就越古老。

页岩

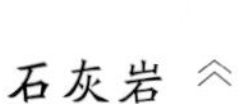

石灰岩

砂岩

美国犹他州锡安国家公园中的砂岩便有明显的层理结构。沉积岩中含有丰富的矿产资源，全世界80％的矿产都蕴含在沉积岩之中，不仅如此，沉积岩还保留了许多地球历史的证明——化石，它对我们了解地球的过去和未来都具有至关重要的作用。海水咸咸的味道也与沉积岩的形成有关。在岩石形成的旅程中，会遇到许多可以溶解它们的化学物质，其中许多溶解的盐类就会被河流或地下水带到大海之中。

美国犹他州锡安国家公园

喀斯特地貌

^ 变质岩

变质岩

沉积岩的形成并不代表岩石旅程结束。岩石在地下所处的深度越来越深，周围的温度也会变得越来越高。不仅如此，板块的断裂、碰撞等运动还会使它们在压力的作用下发生机械变形，高温和压力的挑战一起来到了它们的面前。在这一系列变质作用下，岩石中原本就存在的部分矿物会被继承，但在继承的同时又会产生一些新的矿物，这便形成了一种全新的岩石——变质岩。我们生活中应用广泛的大理石就是变质岩的一种，它是由沉积岩中的石灰岩经过高温加热后结晶形成的一种变质岩。

别看我们的大理石现在在市场中很容易就可以得到，它的开采过程可是非常费工夫的！大多数岩石的开采方式非常“简单粗暴”，一个炸药就搞定了，但大理石必须加工成大岩块或石板，使用炸药开采的方式往往会破坏它们，因此，我们必须使用切割的方式将大理石从采石场开采出来。

大理石原石

变质岩床

矿产资源

矿产生成于大自然，赋予于大自然，开采于大自然，利用于大自然，了解矿产在自然界的来龙去脉，对于矿产资源的科学利用以及自然环境的合理保护具有重要的现实意义。

矿产资源是呈固态、液态和气态的赋予于地壳内部或地壳表面，由地质作用自然形成，并且可以被人类社会生产生活所利用或具有潜在利用价值的天然富集物。矿产资源不是凭空出现的，它需要经过几百万年，甚至是几亿年的地质变化才可以形成。没有它，我们便无法创造物质财富和精神财富，是我们人类生产、生活中必不可少的一种极其重要的自然资源。矿产资源是我们保障现代化建设的需要，是经济社会发展的重要物质基础。

煤矿

盐
钼矿

内蒙古矿产资源

内蒙古矿产资源富集，至2020年，全国已发现的矿产种类有172种，其中内蒙古已发现的矿产种类有147种之多。除了煤炭，内蒙古还有多种矿产资源储量居全国第一，个别居世界前列。内蒙古包头白云鄂博矿山是世界上最大的稀土矿山；内蒙古中部地区发现了国内最大规模的砂岩型铀矿床；内蒙古锡林郭勒盟的锗矿和阿拉善盟的大鳞片石墨令人瞩目。

扫码立领
本书讲解音频
配套电子书
自然卡片
科普笔记

内蒙古典型矿山

矿产资源是国民经济的基础，地质找矿就是国民经济的“先行者”。内蒙古地质工作机构从无到有，地质工作者跋山涉水、风餐露宿，陆续发现了大批矿产地，取得了丰硕的找矿成果，为开发矿业，保障工业经济的建设和发展，做出了不可替代的贡献。

能源矿产“聚宝盆”——鄂尔多斯

鄂尔多斯盆地跨越陕西、内蒙古、山西、宁夏、甘肃五省（区），是我国第二大内陆沉积盆地，面积约25万平方公里。这里蕴藏着丰富的煤炭、石油、天然气、铀矿等矿产资源，是目前国家级的能源保障基地。煤炭、煤层气、石油、天然气、油页岩、沉积型铀矿等能源矿产质优量大，是世界上典型的多种能源矿产沉积盆地。鄂尔多斯盆地是我国罕见的能源矿产“聚宝盆”。鄂尔多斯盆地内的能源调出量占全国能源调出量的一半以上，已成为我国重要的能源资源基地。

鄂尔多斯矿山

特定的区域地质背景决定了鄂尔多斯盆地经历了继续沉降、继承性发育的演化历史。5亿年以来，鄂尔多斯盆地先后经历了早古生代陆表海沉积、晚古生代海陆过渡相沉积、中生代陆相沉积等演化阶段，大多数时期气候温暖、潮湿，海洋浮游生物和陆生植物茂盛，为能源矿产的形成提供了充分的基础。

古生代陆表》海沉积

富饶神山——白云鄂博

白云鄂博，蒙古语意为“富饶的神山”，位于内蒙古包头市北约150公里的大草原，是举世瞩目的铁、稀土、铌、钪、萤石等多金属共伴生矿。铁矿为大型矿床，是我国西北地区储量最大的铁矿。铌、稀土为巨型矿床，稀土储量位居世界第一，铌储量位居世界第二。近年来，在做细做精稀土原料产品的同时，努力做强做优稀土下游材料及应用产品，在五大稀土新材料领域取得了可喜的成绩。白云鄂博矿的投产，是包钢发展的源头，也是中国稀土产业起步的标志。

≫ 白云鄂博稀土矿

经过六十多年的发展，包头稀土产业凭借着其资源优势、科技优势、产业优势而声名鹊起，包头因此被誉为“世界稀土之都”。

《 白云鄂博稀土矿

金属明珠——维拉斯托

维拉斯托矿区位于内蒙古自治区克什克腾旗与临西县、西乌珠穆沁旗交界处的克什克腾旗一侧，是近年来在我国北方发现的规模较大的以锡为主的斑岩型矿床。该大型锡多金属矿，主矿种为锡，伴生钨、锌、银等。主矿体已控制延长1400米以上，延伸1350米以上；矿体厚度1~7米，平均厚度2~3米。矿石量1139万吨，以锡、钨为主，并伴有锌、钼、银、锂、铷、铯等多种元素。金属量：锡9万吨，三氧化钨1.5万吨，锌8.3万吨。

维拉斯托矿区

矿区矿床品位：锡0.8%，三氧化钨0.13%，锌0.73%。锡金属量已经达到大型规模，钨金属量已经达到中型规模。在2018年，维拉斯托大型锂锡多金属矿荣获了2018年度中国地质学会“十大地质找矿成果”的殊荣。

维拉斯托矿山 》

内蒙古重要的矿产资源

扫码立领
本书讲解音频
配套电子书
自然卡片
科普笔记

金矿

大家对黄金一定不陌生，它是一种贵金属，也是延展性最好的金属之一，许多“金牙”的出现就与它极好的延展性有关。在我们的生活中，最常见到的黄金就是作为货币流通的黄金以及作为珠宝佩戴的黄金。黄金的历史要追溯到史前时期，在那个时候，黄金就已经被人类所熟知和重视了。随着时间不断推移，人们逐渐将黄金作为相互买卖和交易的货币，黄金首饰也逐渐有了更加丰富多样的设计造型，并逐渐成了权力和财富的象征。

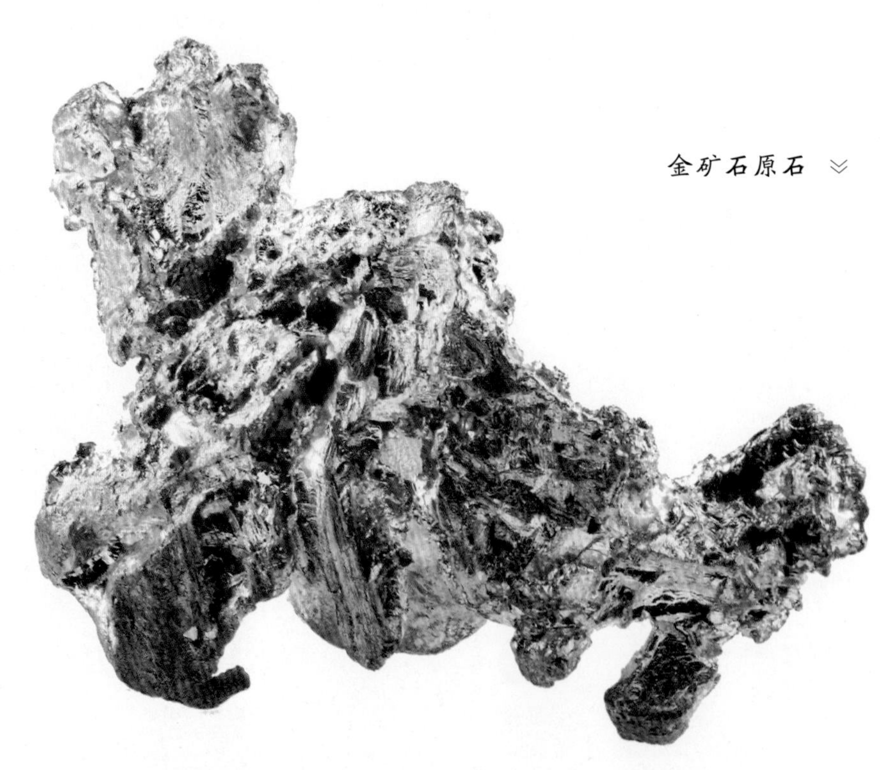

金矿石原石

在19世纪40年代末和50年代，一位美国移民在加利福尼亚的萨克拉门托附近发现了金矿，这个消息一传开，世界便掀起了沸沸扬扬的“淘金热”。在那时，美国各地都受到了“淘金热”的冲击，几乎每一个企业都暂停营业，所有人都放弃了自己的工作和生活，争先恐后地涌向了金矿发源地，想要分“一杯羹”。我们都知道，黄金合金的纯度用“克拉”表示，它表示在这个合金中纯金所占的比重，24K则是纯度为100%的黄金！

“淘金热”

锡矿

锡是人类最早发现和使用的金属之一。在我国，商代的青铜器就是由我们的祖先利用锡、铜、铅生产出来的。我国锡矿资源的总保有量位居世界第二。其实，许多金属矿物都存在于我们的生活之中，锡也不例外，例如听装可乐、雪碧等饮料、罐头的金属外包装就是由锡制造的。不仅如此，我们吃韩国烤肉的时候下面垫着的锡箔纸，它的主要成分就是锡和铝，是锡铝的合金。

锡矿

锡箔纸具有非常好的隔热性，因此，许多烧烤摊或海鲜市场就使用它来保温。香烟盒子中都会有一层薄纸，这薄纸也是锡箔纸。锡箔纸的加入有利于烟丝的防潮和保鲜，还有利于保持香烟原有的香味。

锡石晶簇

黄锡矿矿石

高岭土矿

高岭土类矿物是由高岭石、地开石、珍珠石等高岭石簇矿物组成的，其中最主要的矿物成分是高岭石。我国高岭土矿床分三种类型（风化型、热液蚀变型、沉积型）、六种亚类型。我国的高岭土矿产资源储量位于世界前列，目前已探明的矿产地267处，储量29.10亿吨。其中，我国非煤建造高岭土资源储量位于世界第五位；高岭岩储量占世界首位。高岭土矿就是我们常说的“白泥”，它是一种混合物。高岭土的应用非常广泛，它在造纸、陶瓷、橡胶、医药和制作耐火材料等方面都有非常大的作用。高岭土又称“白云土”，它其实在我们的生活中是无处不在的，为什么这样说呢？

高岭土具有一定的可塑性、黏结性、悬浮性和结合能力，是陶瓷胚体的主要原料。因此，我们生活中使用的各种杯具、盘子，甚至是卫生间地上铺着的瓷砖都是高岭土“变成”的。所以，高岭土真的是一直“躲藏”在我们生活中的各个角落。

“高岭土”

高岭土矿山

锗矿

锗是地壳中最分散的元素之一，含有锗的矿物非常少，因此，锗是一种在世界上都非常贫乏的资源。锗可是我们的“第三只眼睛”，它可以被用来制作棱镜。大多数人都是在物理老师的口中第一次听到“棱镜”这个东西的，在那个时候，我们通过棱镜学习“光”，我们的显微镜中也有它的存在，正是因为有显微镜这一发明，我们才能看到肉眼看不到的世界，它的出现也标志着人类进入了“原子时代”。

《 锗矿

除了显微镜之外，照相机中也有棱镜的身影。我们的大脑对一个瞬间的记忆时间是有限的，但照相机却可以帮我们弥补这一缺陷，它可以帮助我们将那一瞬间记录下来，将时间定格在那一秒，使我们可以来回翻看这些美好的回忆。

^ 硫银锗矿

硫银锗矿 ∨

硫铁矿

硫铁矿最主要的作用就是制作硫酸，硫酸是我们非常熟悉且非常害怕的一种无机化合物，它让我们感到害怕的就是它极强的腐蚀性，我们经常会在实验室见到它的身影，当我们需要用它来做实验的时候，老师们就会千叮咛万嘱咐：千万要小心操作！我们甚至都没有上手的机会，老师就代替我们操作了。其实，除了实验室会见到硫酸，在我们经常提到的酸雨中也含有硫酸，从天而降的酸雨会给我们的生产和生活带来非常大的影响。

硫铁矿

酸雨会使土壤酸化，导致土壤贫瘠，植物自然就无法进行正常的生长发育了。不仅如此，它还会损坏我们的建筑物，“黑壳”效应就是酸雨干的“好事”。想要阻止酸雨的发生，我们必须要减少使用工业燃煤和生活燃煤，低碳出行，减少尾气的排放。

“黄铁矿”》

在岩石中的黄铁矿晶体

煤

煤炭被誉为“黑色的金子”，它还被称为“工业的粮食”，社会的现代化发展与煤炭有着密不可分的关系。我国是世界上煤炭产量最大的国家。我们都知道煤非常珍贵，我们的生活离不开它，但你知道煤炭是如何形成的吗？煤炭是由一万年前的植物死亡后深埋在地下，经过了复杂的物理化学变化而形成的。在地球大约46亿年的历史中，主要有三大成煤期，一个是在古生代的石炭纪和二叠纪，在那时孢子植物统治着植物世界，因此，孢子植物便是这一时期的成煤植物，由它们生成的煤炭主要是烟煤和无烟煤。

第二个成煤期位于中生代，在恐龙为霸主的侏罗纪和白垩纪时期，裸子植物是植物界的主流，它们作为成煤植物，主要生成了褐煤和烟煤。

煤矿

最后一个成煤期在新生代的第三纪，第三纪被分为古近纪（早第三纪）和新近纪（晚第三纪）时期，在这一时期，哺乳动物“站”了起来，被子植物则登上了植物界的顶端，被子植物生成的煤主要是褐煤、泥炭、部分烟煤。知道了这三大成煤期，我们就能感受到今天为我们所用的煤有多么来之不易。

爆炸的煤矿厂

矿洞作业

石油、天然气

石油被称为“工业的血脉”，内蒙古石油、天然气资源具有较大潜力，在二连盆地群、海拉尔盆地群、鄂尔多斯盆地、赤峰盆地、银根盆地、开鲁盆地及松辽盆地均有探明资源储量，石油储量居全国第九，天然气储量居全国第三。我国最大的整装气田苏里格气田就位于鄂尔多斯盆地。石油、天然气是当今世界最主要的能源与最重要的化工原料之一。石油主要被用作燃油和汽油，因此，如果没有它，我们的汽车就会无法行驶。石油也是制作化肥的主要材料，没有化肥，农产品的产量会有所下降，影响整个农业的发展。

不仅如此，石油还是军事国防中极其重要的一个部分，它是许多大型武器的动力来源，间接成为国家综合国力的体现。直到今天，仍有许多国家因争夺石油而爆发战争。

石油开采

我们的沥青路面就是由石油加工而成的。天然气是一种深受人们喜爱的能源。首先，它是一种高效环保的清洁能源，它的主要成分为甲烷，对环境没有任何破坏。现在我们居住的城市，经常会迎来一个“不速之客”——雾霾，它的形成就与汽车尾气、工业废气、燃煤等因素有关。而天然气作为一种燃料，它不仅洁净，它的利用效率甚至比煤气、液化石油更高。近几年来，天然气的应用范围逐渐扩大，例如供暖方面，过去的燃煤锅炉正在逐渐被燃气锅炉所替代，它将在寒冷的冬天为北方城市带来温暖。除此之外，天然气与其他的能源相比更加廉价，深得老百姓的青睐。

开采天然气

铁

在地壳之中，铁占地壳含量的4.75%，在地壳元素含量中排名第四。天空中坠落下来的陨石中含有极高的铁，这也是人类最早发现的铁。在我国，铁的使用历史非常悠久，司南的早期材料就是铁的化合物四氧化三铁，四氧化三铁就是带磁性的磁铁矿，司南是我国四大发明之一——指南针的原型。指南针的发明和传播为“新航路的开辟”这一世界历史事件奠定了基础。铁不仅存在于我们的生活中，它还是我们人体必不可少的元素之一。

赤铁矿

一个成年人的体内大约有4~5克的铁，+2价的亚铁离子还是血红蛋白的重要组成部分，有了血红蛋白，氧气才可以在我们的体内运输循环。人的体内缺少铁元素，会导致缺铁性贫血，严重影响我们的身体健康。

司南

地质矿藏

装载铁矿石

铜

内蒙古全区的铜矿资源主要分布在呼伦贝尔市、赤峰市、巴彦淖尔市、锡林郭勒盟和乌兰察布市，五个盟市铜金属资源储量合计占全区铜金属保有资源储量的92.82%。早在中国古代尧舜禹时期的许多文献中，就有人们冶炼铸造青铜器的记载了，考古学家们还在许多遗址中发现了青铜器制品。时间追溯至我国的青铜器时代，人们对青铜器的使用更加广泛了，小到日常生活，大到祭祀礼乐，青铜器走到了它的鼎盛时期。在这一时期，它的装饰更加华丽，制作工艺也越来越精巧。

自然铜

铜在现代生活中的应用更加广泛，人们发现它具有极好的导电性，在电气、机械制造、建筑、国防等领域都占有重要地位。我们生活中常见的电线、电缆中都含有铜。在军事领域，铜是子弹、炮弹等武器制造的必需品。此外，我们的硬币中也有铜的存在。

《 原生铜

铜矿采石场阶地地形 ≫

铅、锌

我国的铅、锌产量已经位于世界第一的位置，是世界最大的铅锌生产国。内蒙古的铅锌矿资源储量居全国第一，主要分布在赤峰市、巴彦淖尔市、呼伦贝尔市、锡林郭勒盟。锌具有一定的抗腐蚀性，因此，人们会在钢材等材料的表面镀一层锌，它可以在空气中形成一层氧化膜，有利于隔绝氧气，进而减缓材料的氧化速度，延长材料的寿命。另外，镀锌还可以防止霉菌的生长，具有防腐作用。除此之外，锌还可以被用于制造干电池。

锌、铅的稀土矿物

铅的应用最广泛的就是铅酸蓄电池，而在我们的生活中最常听到的“铅”就是可以用来写字的铅笔。小学生最常用的一种笔就是铅笔，许多孩子都有咬笔的习惯，在这时，父母一定会第一时间冲上来阻止并且会说：“铅笔芯有毒！小心铅中毒！”那我们使用的铅笔芯中真的含有铅并且容易导致铅中毒吗？其实，铅笔中并不含有铅，自然也不会有毒素。古罗马时代人们的确用铅条写字，那时的铅笔就像我们的父母所说的那样会导致铅中毒，但今天我们使用的铅笔芯是由黏土和石墨按照一定比例混合加工制成的，其中并没有铅的成分。其实在很久以前，这种不含有铅的铅笔就已经被我们所使用了，那为什么“铅笔”仍旧含有“铅”字呢？那是因为当时化学的研究并不完善，人们第一次发现石墨的时候，把它当成了方铅石，因此“铅笔”这个名字便沿用至今了，我们以后可不要再误会铅笔了哦！

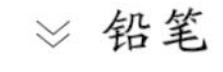

铅笔

方铅矿

盐

盐是化学工业的最基本原料之一，被称为“化学工业之母”，内蒙古盐矿保有资源储量居世界第16位，全区盐矿资源储量仅分布在阿拉善盟、鄂尔多斯市和锡林郭勒盟。按来源划分，盐可分为由海水晾晒而成的海盐、开采盐湖矿加工后得的“湖盐”、通过凿井法来抽取地表浅层或地下天然卤水加工制得的“井盐”和开采古代岩盐矿床制得的“矿盐”。盐是我们日常饮食中最基本的一种调料，我们人体每天必须要摄入一定的盐。盐的地位在我国古代就已经很高了，早在春秋时期，历史上的名相管仲便在齐国实行了“官山海”，实施盐铁专卖政策，这一制度的建立使得齐国国家富裕、国力大增，春秋时期的第一个霸主便油然而生了。

开采盐矿

在汉武帝时期设立了盐法，实行官盐专卖制度，不准百姓私自制盐、私自贩卖盐。在红军长征途中，最宝贵的就是盐，许多好几天没有吃盐的士兵会逐渐没有力气，最终牺牲在路上。而红军是如何在危险中得到珍贵的盐的呢？如果你看过电视剧《小兵张嘎》，你就会发现红军运送盐的一个方法。在这部电视剧中，主角“嘎子”通过用盐水浸湿棉袄的方式将盐运出了封锁线，太阳晒干盐水后他便收获了这来之不易的盐。我们的红军使用各种各样的方式来得到他们的“力量源泉”，扛过了艰难的长征时期。

盐矿 ≫

银

内蒙古银的资源保有总量居全国第一位，全区除鄂尔多斯市、乌海市外，均有探明的银矿资源储量分布，但主要分布在赤峰市、呼伦贝尔市和锡林郭勒盟。众所周知，银是一种与黄金的价值非常接近的贵金属，它的应用历史非常悠久，至今已经有4000多年的历史了。在春秋时期，人们就有使用银的记录了。在古代，银作为一种货币充分参与到了人们的日常生活之中。中国在半殖民地半封建社会时期，签订了许多丧权辱国的条约，基本上每一个条约之中都有一项赔偿白银的条例。

银矿 ≫

许多热映的古装剧中，都有“银针试毒”这一桥段，银针变黑就证明有毒，那银针真的可以验出毒吗？其实，古代的毒药大多以砒霜为主，而“银针试毒”也只是针对砒霜。其实，砒霜本身并不能使银针变黑，但是砒霜中会混入大量杂质——硫或硫化物，银会和硫产生反应，生成黑色的沉淀（硫化银），进而达到了“试毒”的作用。因此，“银针试毒”只是试出了砒霜中的硫，并不是所有毒素都可以被银针试出来的。

钨

我国钨矿资源丰富，它的产量和出口总量均为世界第一。内蒙古钨金属的资源保有量居全国第六位，钨矿资源主要分布在锡林郭勒盟、呼伦贝尔市和赤峰市，这三个地方的保有资源储量占全区的91%。钨是一种能够为我们带来照明的重要金属矿物，别看灯泡现在是我们都不缺的生活用品，但钨却是一种稀有金属，它在自然界中的分布稀散并且提取难度大，虽然各种岩石中都含有钨，但所含钨的含量都比较少。灯泡的发明与钨有着极其密切的关系。

说起电灯泡，我们就会想起爱迪生，其实早在1854年，美国人亨利·戈培尔就已经发明了灯泡，而爱迪生其实是发明了在我们生活中实用性更强的白炽灯。

《 钨矿

钨是一种稀有高熔点金属，正是因为这一特性，使钨丝成为灯丝的不二之选。金属要想发出我们人类可以看到的光，必须要加热到极高的温度，大部分金属在还没到达这个温度之前就会融化，而钨丝却不会融化，钨丝虽然不会融化，但在这样的高温下，它会起火，为了解决这个问题，科学家们为它制造了一个密封空间，因此，灯泡中是没有氧气的。但是，这样就会使钨丝在高温下升华，变成气态的钨会被“关”在灯泡之中，在我们关灯后，钨丝逐渐冷却，气态的钨丝又会直接变成固态附着在灯泡上，这也是我们的灯泡会逐渐变黑的原因。

爱迪生

钼

内蒙古钼金属保有资源储量居全国第二位，全区钼矿资源主要分布在乌兰察布市、锡林郭勒盟、呼伦贝尔市和巴彦淖尔市。钼是我们人体和动植物必需的微量元素。对于人来说，它存在于人体的各种组织器官中，它在人体的肝脏和肾脏中的含量最高。这几年，医院中经常会有许多捂着肚子痛不欲生的人，他们都是肾结石的患者，人体中钼的含量过多就会容易引发这种疾病。如果你看到有男人因为肾结石疼哭了，你可不要嘲笑他，医学上将疼痛划分为12个等级，最高等级12级的疼痛是母亲的分娩疼痛，而11级就是肾结石引起的疼痛。人体钼含量过多不好，钼含量少了也不好。

钼矿 》

体内钼含量少了会导致尿酸高，从而增加痛风病的发病率。不仅如此，食道癌、骨癌、肝癌等癌症的发生也与人体缺钼有着密不可分的关系！在农业上，人们会使用钼肥来促进作物体内糖和淀粉的合成，有利于作物早熟，提高作物的抗寒能力和抗病性。

稀土

我们每一个人都听说过这种极其珍贵的矿产资源——稀土，其实稀土并不是一种“土”，它是元素周期表中十七种金属元素的总称，具有“工业黄金”之称。邓小平在1992年的南方谈话中提到“中东有石油，中国有稀土”，可见稀土资源在中国矿产资源中占据着空前绝后的地位。稀土被誉为“现代工业的维生素”。内蒙古稀土资源储量位居全国第一，内蒙古有一个名副其实的世界“稀土之都”——白云鄂博。

《 稀土矿

说稀土非常重要，那它在我们的生活中都有哪些作用呢？稀土分为重稀土和轻稀土，其中最珍贵的是重稀土，现代许多尖端科技都需要它，华为等智能手机的芯片、卫星、导弹等领域都离不开稀土，而我国的重稀土储量达到了全球储量的90%！稀土的应用非常广泛，涉及军事、冶金、农业等各个方面，并且它的作用领域还在不断地被开发拓展。我国的稀土资源储量的占比最多的时候能达到世界的71.1%，而今天的中国占比只有23%。

《 手机芯片

导弹 ≫

萤石

内蒙古萤石矿石保有资源储量居全国第一位，全区除了呼和浩特市、乌海市和鄂尔多斯市尚无探明的萤石矿产地外，其他9个盟市均有萤石资源分布，但主要分布在乌兰察布市、锡林郭勒盟和阿拉善盟。萤石在自然界中比较常见，它是唯一一种可以提炼出大量氟元素的矿物，它在紫外线的照射下会发出萤光，被称为“世界上最鲜艳的宝石”，这也是它的名字的由来。萤石的质地又酥又软，因此，即便它的色彩非常丰富艳丽，也不常以宝石的身份出现。

萤石

其实，我国早在新石器时代，河姆渡人就已经发现了这种漂亮的石头了，并且使用萤石作为装饰。在工业上，它常常作为助溶剂参与到炼钢的过程中，它具有去除杂质的作用。萤石在光学领域上有应用价值，许多照相机的镜头便是由它制造而成的。

相机镜头 》

天然碱

内蒙古自治区天然碱保有资源储量占据全国第二的位置，全区查明的天然碱资源仅分布在鄂尔多斯市、呼伦贝尔市和锡林郭勒盟。但鄂尔多斯市的天然碱资源储量最为集中，占全区的88.79%。天然碱最主要的作用就是经过加工制成纯碱、烧碱、小苏打等碱类产品。纯碱就是碳酸钠，它可以用来制作玻璃制品、陶瓷釉和洗涤剂，它是发酵粉的一种主要原料，我们的馒头、花卷等主食的制作必须要有它的参与，在医学方面，纯碱可以治疗胃酸。烧碱就是氢氧化钠，我们生活中用来洗头发的洗头膏和洗手洗脸的肥皂就是烧碱制成的。小苏打就是碳酸氢钠，它是制作饼干、糕点、馒头等食品必备的膨松剂。

碱地

在我们喝的汽水中含有许多二氧化碳，而汽水小苏打就是二氧化碳的发生剂。小苏打与纯碱一样，也可以治疗胃酸。不仅如此，小苏打还可以被用来制作干粉灭火器，成为消防事业中必不可少的工具。你知道吗？在社会上有许多有关小苏打的谣言，例如小苏打去牙垢、小苏打除锈、除水垢等，这些都是没有科学依据的。大家一定要有自己的判断，可不要被这些谣言所蒙骗哦！

《 碱

≫ 盐碱地

芒硝

芒硝在自然界中的分布极其广泛，储量非常丰富。我国有着非常丰富的芒硝矿资源，其储量居世界首位，主要分布在青海、四川、内蒙古、云南、湖北、湖南等地。内蒙古全区芒硝保有资源储量居全国第二位，全区芒硝矿资源分布在包头市、鄂尔多斯市、呼伦贝尔市、锡林郭勒盟和阿拉善盟，但集中分布在鄂尔多斯市。芒硝的用途非常广泛，主要被用在合成洗涤剂、纸浆、人造纤维等各种领域。

芒硝的药用价值很高，对肠胃不适、排便困难等病症具有治疗作用。现在，随着人们生活节奏的加快，得痔疮的人也越来越多，如果你身边有些同事或朋友总感觉坐立难安，那他没准就是被痔疮“缠”上了！而外用芒硝，对痔疮肿痛等症状具有治疗作用。

人造纤维

石膏

我国石膏矿产资源储量非常丰富，居世界首位。内蒙古石膏保有资源储量居全国第五位，全区已探明的石膏矿产地仅分布在鄂尔多斯市、乌兰察布市和阿拉善盟，并集中分布在鄂尔多斯市。石膏在我们的生活中被广泛应用于医学、建筑领域。学习美术的同学对它一定不陌生，不论是在兴趣爱好班还是美术专业的学习中，都会为了训练美术基本功被要求画石膏头像。最经典的石膏头像有许多，例如大卫、小卫、伏尔泰等等。除了美术教室有石膏的身影，你还会在许多骨折病人的患处见到它。

石膏采石场

骨折是一种非常常见的伤病，骨折的愈合需要很长的时间，在慢慢愈合的过程中，必须要用石膏来固定，防止受伤部位遭受二次伤害。不仅如此，石膏还有药用价值，石膏入药对发烧感冒、肺热咳喘、胃火旺、头疼、牙疼等病症都有很好的疗效。

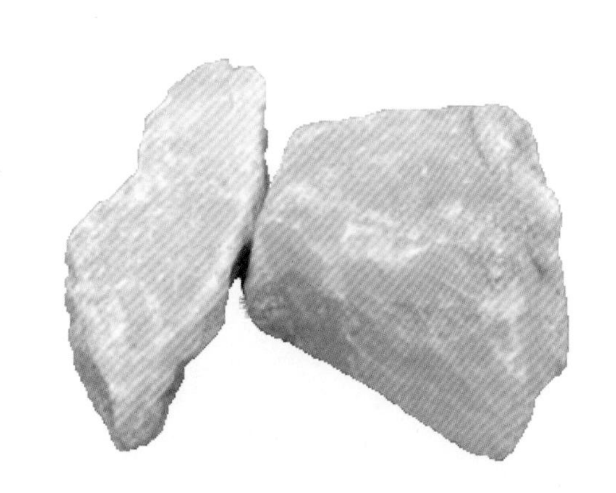

《 美术石膏静物

石墨

内蒙古自治区的石墨资源储量居全国第二位，全区石墨资源分布在呼和浩特市、包头市、鄂尔多斯市、巴彦淖尔市、乌兰察布市、阿拉善盟和通辽市。石墨在前面就有提到过，你还记得吗？没错，它就是那个“假”铅笔芯！人们错把它当成铅，以至于闹了这么多年的“乌龙”，如果人类早一些认识石墨，那铅笔会被改成什么名字呢？其实除了铅笔，我们用到的墨水、黑漆等生活中常见的用品也都是由它制成的。石墨的应用不仅在生活中非常广泛，它在冶金、机械、电子产业、国防等方面也具有很高的利用价值。

石墨矿

除此之外，石墨还被广泛用于核反应堆中，你知道切尔诺贝利核电站的大爆炸吗？那是迄今为止世界上最严重的一次核电事故。这一次灾难导致这片土地至今人类都无法居住，荒无人烟。最可怕的不是巨大的冲击波，而是辐射。在灾难过后，大量畸形儿悉数出现，幸存者患癌症的概率也大幅度提高，寿命缩短。生活在受灾区的植物、海洋生物的生存都受到了威胁。

石墨造的墨水 »

水泥用灰岩、大理岩

内蒙古自治区水泥用灰岩保有资源储量居全国第三位，全区12个盟市均有探明的水泥用灰岩矿，主要集中在鄂尔多斯市、乌海市、通辽市、呼和浩特市和阿拉善盟。

内蒙古自治区保有水泥用大理岩资源储量居全国第二位，全区已探明的水泥用大理岩均分布在呼和浩特市、赤峰市、呼伦贝尔市、乌兰察布市、和兴安盟，其中呼和浩特市和呼伦贝尔市分布较集中。石灰岩和大理岩是生产水泥的天然原料，是我们生活中比较常见的矿产资源。

大理岩是我们所喜爱的一种岩石，它具有各种各样美丽的颜色和花纹，在我们的生活中主要被用来雕刻或作为建筑材料，我国许多著名建筑中都有大理石的使用，例如天安门前的华表、故宫的汉白玉栏杆、人民英雄纪念碑的浮雕等等。

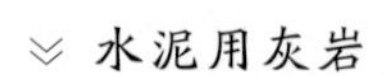

水泥用灰岩

有关大理岩的流言蜚语也有很多，如“大理石致癌”“大理石有辐射”等等，其实，每一种岩石或多或少都有一些辐射，只不过重要的不是它有没有辐射，而是这些辐射对我们的人体到底有没有危害，夸张一点地说，大理石的辐射距离国家标准线有“十万八千里”，我们完全可以忽略不计。因此，只要购买正规厂家的，并且通过国家技术监督局认证的大理石产品，就不需要担心大理石产品的安全问题。

大理石矿

新兴原材料——石墨烯

石墨

石墨具有典型的层状结构，每层由碳原子排列成六方环状网，每个碳原子由3个相邻的碳原子包绕，这种结构决定了石墨明显的异向性、良好的导电性和导热性。石墨硬度小，比重小，性软而滑腻。多用于冶金设备的制造材料、机械工业的润滑剂、原子工业的减速剂等，更是当今炙手可热的石墨烯材料的制备原料。

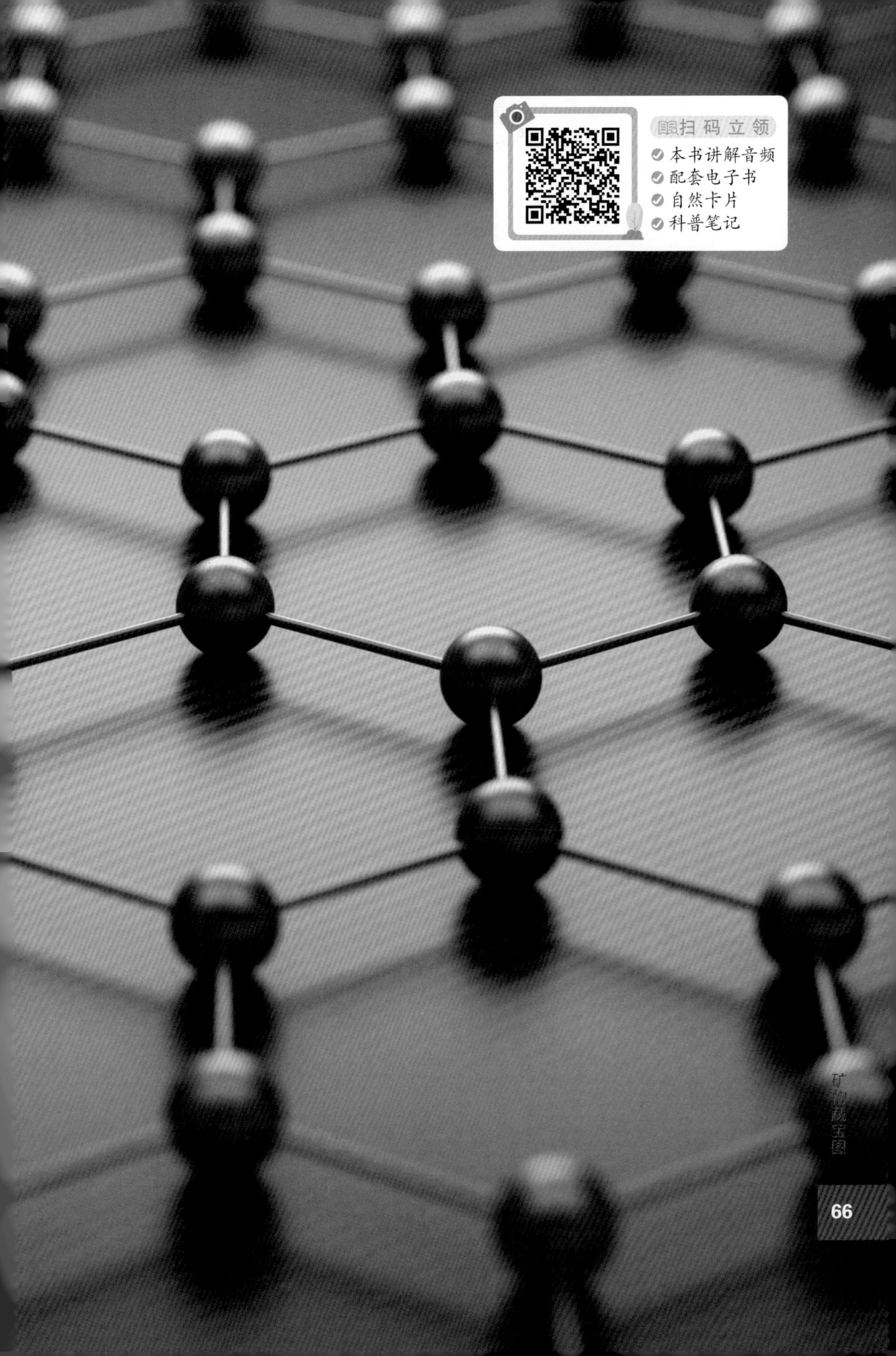

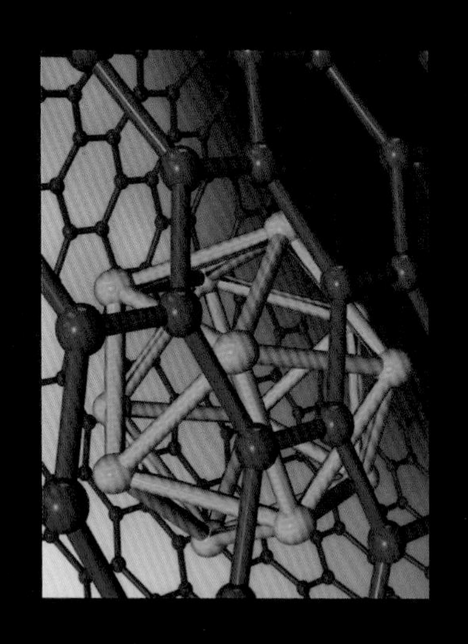

石墨烯

石墨烯是从石墨材料中剥离出来的、由碳原子组成的只有一层原子厚度的二维晶体，是目前发现的最薄、最坚硬、导电导热性能最强的一种新型纳米材料，被认为是未来最有发展前景的材料。它的厚度大约为0.335纳米，根据制备方式的不同而存在不同的起伏，通常在垂直方向的高度大约1纳米左右，水平方向大约10~25纳米，是除金刚石以外所有碳晶体的基本结构单元。

二维晶体结构 》

形态

单层石墨烯以二维晶体结构存在，厚度只有0.334纳米， 它是构筑其他维度碳质材料的基本单元，可以包裹起来形成零维的富勒烯，卷起来形成一维的碳纳米管，层层堆积形成三维石墨。但石墨烯层并不是完全平整的，它具有物质微观状态下固有的粗糙性，表面会出现如波浪一般的起伏，可能正是这些三维褶皱，巧妙地促使二维晶体结构稳定存在。

应用

卫星

我国在石墨烯应用领域探索中获得重大发现——石墨烯在光作用下的运动现象，这一发现可作为新的太空动力来源，作为一种新的发电装置都成为可能。“光致电推动”现象在真空的环境下，仅凭光的照射，石墨烯材料就可以运动，甚至能够克服重力向上运动。这是迄今为止科学界第一次用光推动一个宏观物体运动，标志着石墨烯材料很有可能成为一种新的动力来源。

能源储存

石墨烯聚合材料电池，即“超级电池”，其成本比传统锂电池低77%，重量也仅为传统电池的一半，但储电量却是目前市场上性能最好的电池的三倍，以此为电力的电动车将会大大突破以往电池行驶里程的限制，最高可以行驶1000公里，而充电时间仅为8分钟，比传统锂电池充电时间快十倍。

人类与矿产

矿产资源是地球馈赠给人类的最宝贵的生存财富，在人类社会发展过程中起着极其重要的作用。不同社会阶段的经济水平差异，极大地影响了矿产资源利用的广度和深度，因此早期社会历史阶段的划分产生了以矿产或矿产制品命名的现象，如石器时代、青铜器时代及铁器时代。

古代社会的人类与矿产

在我国，矿产资源至少在50万年以前的旧石器时代就已经被我们所利用了，那时的古人会使用石球飞索捕猎就是最好的证明。而我们的内蒙古先民已经懂得了利用黏土制作陶器，河套人会利用石英岩和砾石制作长条石片，乌尔吉木伦河人会使用石犁耕作，在敖汉旗金厂沟梁可淘采沙金……但烧制陶器、冶炼金属才是人类对矿产资源的开发利用真正意义上的开端。

石器时代

石器时代分为旧石器时代和新石器时代。原始社会的人类为了生存，他们不得不寻找大自然中可以利用到的一切，来达到最基本的温饱和安全。在这种情况下，他们拿起了地上的石头，开始制作用来防御、捕猎野兽的武器。石器时代，人们使用的工具都是用我们前面提到的非金属矿产制成的，如石灰岩、花岗岩、砂岩等。

早期石器时代的工具

陶器时代

我们对陶器时代或许并不熟悉，陶器时代其实就是石器时代向青铜器时代过渡的一个时代。其实，我国早在新石器时代的早期就已经发明了陶器，最原始的陶器并没有非常华丽的装饰，它的工艺也非常简单。随着制陶业的逐渐发展，它由以红色、褐色为主逐渐演变为以黑色或灰黑色为主，制陶的技术和工艺装饰上都有了显著提高。彩陶、墨陶、白陶、印文陶、彩绘陶器等陶器共同构筑了中国博大精深的陶器文化，陶器的发展也为瓷器等制品的出现奠定了基础。

︿ 陶器时代

《 青铜工具

青铜时代

我国的青铜文化起源于黄河、长江和珠江流域，它的发展历经夏、商、西周和春秋战国，大约有1500多年的历史。我国是世界上铁器和青铜器发明最早的国家之一。商周时期青铜文化的一大代表——后母戊大方鼎，是迄今世界上发现的最大且最重的青铜器，它作为国家一级文物被收藏于中国国家博物馆中，成了中国国家博物馆的镇馆之宝。

近代社会的人类与矿产

近代社会对矿产资源的利用，以煤炭驱动蒸汽机而引发了第一次工业革命。其后，焦炭冶铁使钢铁工业大发展；继石油被广泛利用，人类社会进入石油时代；半导体材料的应用，促使人类社会进入电子时代。

第一次工业革命

第一次工业革命开始于18世纪60年代，发源于英国。棉纺织业的革新带动了整个社会各个行业的发展。1785年，瓦特改良蒸汽机使人类社会进入了“蒸汽时代”，煤、石油、天然气等矿产资源就可以作为蒸汽机的热源，为蒸汽机提供动力。

第一次工业革命

第二次工业革命

第二次工业革命开始于19世纪60年代后期，在第二次工业时期，灯泡、发电机、内燃机、飞机、电话、电报等发明的出现推动了社会生产力的发展。内燃机的发明更是促进了石油的开采，这一时期也被称为“石油时代”，矿产资源在这一时期得到了极大的开发和利用。

︽ 第三次工业革命

第二次工业革命 ︽

第三次工业革命

第三次工业革命又被称为“第三次科技革命”，原子弹、电子计算机、生物工程等的发明和应用大大推动了国防现代化的进程。半导体材料也就是硅，它的出现和广泛应用又将人类领入了“硅时代”，即“电子时代”。

矿物和晶体

矿物是地壳中各种地质作用的产物，是地壳中自然元素所形成的自然物体（单质和化合物），其中以自然化合物为主。地壳中矿物分布广泛，如石盐、金、长石、石英和云母等。

矿物有许多性质，矿物性质主要包括矿物的物理性质、力学性质及其他性质。物理性质包括颜色、条痕、光泽、透明度等；力学性质包括硬度、解理、断口、相对密度、弹性、挠性、延展性和脆性等；其他性质如磁性、电性、发光性、特殊气味、化学性质等。人们通常根据矿物的颜色、光泽、硬度、解理、磁性等性质来鉴别矿物。

独居石

晶体是具有格子结构的固体。通俗而言，晶体在外形上具有几何多面体的形态，而内部的质点在三维空间呈周期性重复排列。

远古时期，人类在采矿活动中看到许多无色透明的多面体，认为它们是冻结时间极长而变为石头的冰块，故称之为水晶或晶体。

磷灰石

黄铁矿

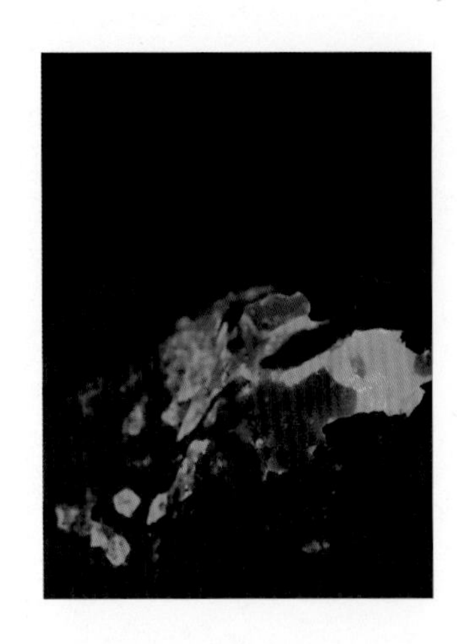

音频 | 电子书 | 卡片 | 笔记

荧光矿物

在日常状态下看起来平平无奇的石头，只要将它置于荧光条件下便会呈现出绚丽多彩的颜色，这种石头就是荧光矿石。荧光矿石为什么会发光呢？其实这是因为某些矿物受到外界能量的激发，例如紫外线或X射线、阴极射线、放射性射线的照射下，或者在打击、摩擦、加热时，这些矿石便具有能够发射可见光的性质。如果你拿到一个荧光矿物，你还会发现它们中间还有一些区别：有些荧光矿物在外界能量激发停止时就会停止发光，这种光被称为“荧光”，而有的荧光矿物，即便外界能量激发已经停止了，它也依旧能持续发光一段时间，这种光被称为“磷光”。

发光萤石

在我们的生活中，荧光矿物也非常常见，例如听演唱会时我们手中拿的“荧光棒”、夜间行车时明亮的路标、工人们夜间工作所穿的防护服等都与荧光矿物有着千丝万缕的联系。荧光矿物在不同波长的紫外线照射下还会呈现不同的颜色。

荧光矿物

自然元素矿物

自然金

现在的人们都称金色为“土豪金”，这种说法与珍贵的黄金有很大的关系。自然金是自然产生的一种金元素矿物，它的形状与狗头非常相似，因此又被称为“狗头金”，自然金的硬度在2.5~3度之间，是提取黄金的主要原料。自然金比较纯净，并且自然界的纯金很少，地壳中的含金量仅有0.005%，因此，它的价值非常高。自古以来，黄金一直是世界上最为珍贵的金属。

金矿

金黄色的自然金质地较软，因此如果当作首饰佩戴，它会非常容易变形，所以，自然金想要佩戴在身上，就必须增加它们的硬度，为了解决这个问题，人们将自然金和其他金属一起制成合金，这样一来，“土豪金”就可以作为首饰佩戴了。

含金岩石 »

« 金锑矿纹理

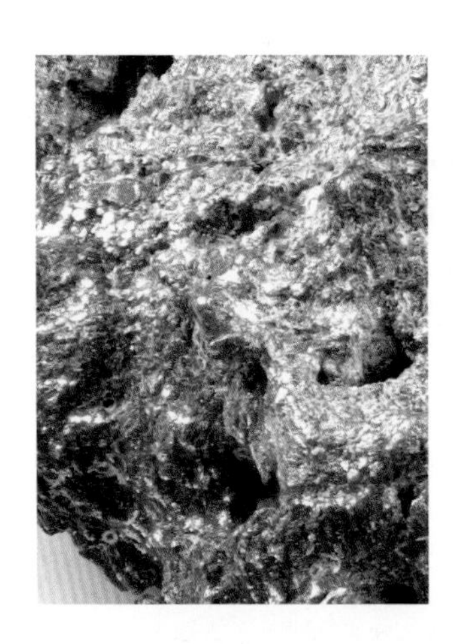

自然铂

自然铂是一种铂矿物，它在地壳中的浓度仅有0.005%，因此它非常罕见。自然铂是铂金的主要来源，铂金作为一种贵金属，经常作为首饰为大家所喜爱。其实自然铂的用途不仅仅是作为首饰，在许多其他领域也有突出贡献。在通常情况下，手表如果进水就会无法使用，因此，游泳爱好者在水中游泳的时候就无法确定时间，进而会耽误许多重要的事。这个时候，我们的“主角”铂就派上了大用场！

自然铂

铂不溶于水，现代许多防水手表就是由它制作而成的。除此之外，宇航员在太空中穿的宇航服中也有铂金的身影，在太空真空的环境中，宇航服中必须储存着充足的氧气，这样一来，材料的抗氧化能力就显得格外重要。铂金不仅具有很强的抗氧化能力，它的熔点也非常高，可以有力地抵挡太阳炙热的温度，作为宇航服的制作材料，铂金当之无愧！

《 自然铂

金刚石

我国的俗语中有这样一句话，“没有金刚钻，就别揽瓷器活”，这句话的意思是：不要做超过自己能力范围的事情，而这句话中的“金刚钻”就是金刚石。金刚石是世界上最硬的矿物，它的元素组成很简单，只有碳这一种元素。金刚石的颜色种类有很多，其中最好的就是无色透明的金刚石。

金刚石原矿

金刚石具有任何矿物都无法匹敌的硬度，它可以轻易地将其他矿物击碎，因此，它凭借这一特点在工业领域上大展身手，它被制成各种钻头，小到玻璃刀，大到地质钻头，真可谓是矿石中的“大哥大”了！价值连城的钻石其实就是金刚石经过加工制成的。

《 金刚石

卤化物矿物

金属阳离子与卤素氟、氯、溴、碘阴离子所结合形成的矿物即为卤化物矿物，它们大约有100余种。卤化物矿物中的阳离子主要是轻金属元素钾、钠、钙、镁等，其矿物为透明无色，密度相对较小、折射率低、弱光泽，如萤石、石盐、钾盐、光卤石等。

石盐

石盐又称岩盐。在前面我们也已经介绍了盐对我们人类以及动植物的重要性，那在这里我们来讨论一下盐的危害吧！首先，对我们人类来说，我们的身体的确需要每天摄入适量的盐，但是我们的母亲依旧经常说，少吃点咸的，太咸对身体不好。那我们为什么不能摄入过多的盐呢？首先，盐中含有钠离子，过多的钠离子进入我们的血液会容易导致高血压的出现，已经是高血压的人则会使原本就高的血压更加升高，无疑是雪上加霜。我们都可以发现，盐吃多了就会口渴，口渴便会喝水。喝过多的水对我们的肾脏便是一种负担。

石盐 »

不仅如此，盐的过量摄入还会导致骨质疏松等疾病。土地中也不可以摄入过多的盐分，我们应该都听过一个名词——盐碱地，盐碱地的出现会使农作物的产量急剧下降。地下水位升高并且水分蒸发量大是出现盐碱地的原因，而人类“大水漫灌”的灌溉方式更加加剧了地下水位的上升，更加加速了盐碱地的形成。

岩盐矿物 》

≫ 矿物盐沉积

氯铜矿

氯铜矿是一种非常稀有的矿物，它的颜色呈深绿色，我们经常在火山口的周围见到它的身影。氯铜矿可以被用来制作绿色颜料，闻名世界的敦煌石窟中有着规模巨大、壮美辉煌的敦煌壁画，而20世纪80年代初，人们就已经发现有大量氯铜矿被运用于敦煌壁画和彩塑之中。美国的标志性建筑——自由女神像，是美国自由和独立的象征，它的外表呈现墨绿色，这是因为它的表面覆盖了一层氯铜矿。

氯铜矿 ≫

你听说过“青铜病”吗？青铜病是古代青铜器乃至现代青铜器身上都会泛滥的一种“传染病”，而青铜病的“病原体”就是我们的氯铜矿。青铜器中，只要有一个“发病”，相邻的器物便会被迅速传染，它们会被氯铜矿疯狂侵蚀，使青铜器变酥变脆，最终导致青铜器彻底溃烂。

《 唐卡壁画

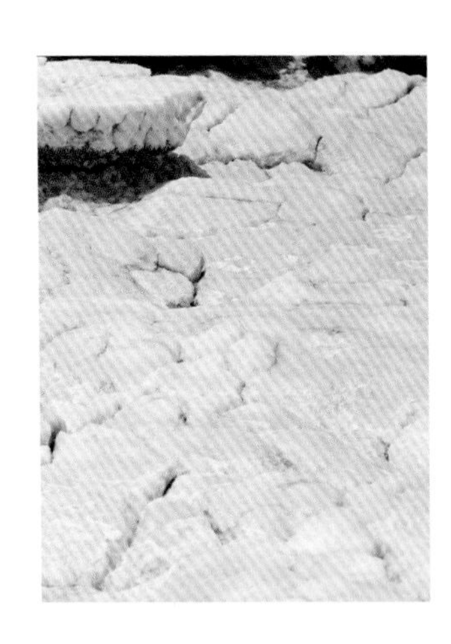

钾盐

钾盐是一种天然的含钾矿物，相比岩盐，钾盐的味道更苦一些。我们脚踩的地壳上和即将干涸的湖泊、海洋就有钾盐矿的存在。钾盐在我们生活中的应用很广泛，其中，世界上95%的钾盐都被利用在了植物身上。在植物的体内，钾的含量占比很高，仅次于氮的含量，它是植物生长必需的五种大量元素之一，植物的光合作用以及蛋白质的合成等过程都有钾的参与。

钾盐矿

当植株体内钾含量不足时，植株的茎秆就会变得非常柔弱，无法保持直立的身形，不仅如此，缺钾的植物，它的叶片会变黄甚至坏死。你可以看看家里养的花，如果它处于老叶变黄了，但嫩叶还没有什么变化的状态，可能就是在告诉你：“我缺钾了。”在这个时候，我们一定要马上“喂”它钾肥，给它补充能量。

《 盐

硫化物及其类似化合物矿物

音频 | 电子书 | 卡片 | 笔记

硫化物及其类似化合物矿物主要是金属元素或半金属元素与硫合成的一种天然化合物，共有350种左右。其中，硫化物占2/3以上，占地壳总重量的0.15%，且以铁的硫化物为主。大多数硫化物具有金属光泽、低透明度、强反射率等特征。

黄铁矿

黄铁矿是地壳中分布最广的一种硫化物矿物，主要成分是二硫化亚铁，纯黄铁矿中含有46.67%的铁和53.33%的硫，工业上称其为硫铁矿。该矿经常呈立方体、五角十二面体等晶形或块状集合体。黄铁矿的颜色与黄金的颜色非常相像，外观呈铜黄色，泛着金属光泽，而且它的密度也很大，和黄金放在一起真的会让人“傻傻分不清楚”，许多从事地质勘探的新手遇到黄铁矿时误认为是金矿，最终空欢喜一场，因此，黄铁矿也被称为“愚人金”。

黄铁原矿 》

黄铁矿并不是只会和人们“开玩笑”，它在工业上是提取硫和制造硫酸的主要矿物，不仅如此，黄铁矿还可以拿来入药，黄铁矿对跌打肿痛等相关病症都具有很好的疗效。在19世纪末的英国，黄铁矿还被作为一种观赏宝石为人们所喜爱。美洲西南部的土著人还会把抛光后的黄铁矿拿来当镜子使用。

水晶和五角十二面体黄铁矿共生

其他含氧矿物

含氧盐矿物是矿物分类中的一个重要分支，除了常见的硅酸盐、碳酸盐、硫酸盐外，还有其他的络阴离子与金属阳离子结合而成的矿物。

磷灰石

磷灰石是一种含磷矿石，它产自火成岩和变质岩，宝石级别的磷灰石往往会和伟晶岩共生。它是一系列含钙的磷酸盐矿物的总称。磷灰石的硬度为5，它的色彩丰富多样，有绿色、蓝色、紫色、粉色、黄色、玫瑰色以及灰色。磷灰石中最常见的就是氟磷灰石，它是最重要的商业矿石。不仅如此，氟磷灰石还是世界上磷的主要来源。

磷灰石

你知道吗？含碳酸盐的氟磷灰石经常会出现在化石骨骼和牙齿中，而磷灰石中含碳酸盐的羟磷灰石，则是当前我们人类的骨骼和牙齿中主要的化学组成。在打火机还没有盛行的时候，火柴就是人们的生火工具，而磷灰石就是火柴中磷的主要来源。

天然蓝磷灰石 »

« 磷灰石晶体

独居石

独居石是磷酸盐的一种，它的颜色呈浅黄色、棕红色或黄色，经常以单晶体的形式存在，因而得名“独居石”。独居石在稀土金属矿中是一种非常重要的矿物，它的体内经常含有铀、钍、镭，因此它具有放射性，不仅如此，它在紫外光的照射下还能发出鲜绿色的荧光。独居石的“大家族”中有三种类型，分别为铯独居石（磷酸铯）、镧独居石（磷酸镧）、钕独居石（磷酸钕）。

独居石矿

它们三个种类的晶体结构相同，其中分布最广的是铈独居石。柱状、扁平或拉伸状的铈独居石晶体经常呈双晶的结构。独居石的应用非常广泛，它在电子、电气照明、医疗和农业生产等方面都占有非常重要的地位。

独居石矿

钼铅矿

钼铅矿的硬度在2.5~3之间，钼铅矿是世界上第二常见的钼矿，仅次于辉钼矿。钼铅矿一般会形成方板状或方片状晶体，有时也会形成块状或颗粒状集合体，它的表面具有白色的条痕。钼铅矿的颜色有5种，分别是黄色、橙色、红色、灰色以及褐色。钼铅矿是一种次生矿，它产自铅钼矿床的氧化带上，它的身边往往会有白铅矿、钒铅矿、磷氯铅矿的身影。

钼铅矿

钼铅矿的分布比较广泛，我们经常可以见到长度达到10厘米的钼铅矿优质晶体。钼铅矿可以用来提取钼，现在，我们从钼铅矿中提取钼的技术有三种，一种是硫化钠浸出工艺，一种是生物浸出工艺，最后一种是机械法直接分解工艺。

钼铅矿 》

白钨矿

白钨矿是一种钨酸盐类的矿石，它的晶体呈双锥体和双晶，有时还会形成颗粒状、块状的集合体。白钨矿产自高温热液之中，常常与方解石白云母和黑色锡石共生。有时，在花岗岩的伟晶岩中也有它的身影。白钨矿的质感很像玻璃，并且大多数白钨矿还具有荧光特性，当白钨矿受到紫外线或X射线照射时，它就会散发出蓝色或白色的荧光。

白钨矿

钨除了可以制作灯泡，钨钢还是制造火箭喷嘴等其他高温用品的重要原料。世界上大部分的钨普遍被用于冶炼优质的钢，剩下的一些用于生产硬质钢，另外一些则被用在其他领域。

白钨矿

氧化物和氢氧化物矿物

氧化物和氢氧化物矿物是由金属和非金属阳离子与氧离子或氢氧根离子化合而形成的矿物，其中含水的氧化物有200种左右，占地壳总量17%，在地壳中广泛分布。而氧化物矿物的特点是硬度比较大，一般均在5.5以上，比如石英的硬度为7，刚玉的硬度为9。

石英

大多数岩石中都有石英的存在，石英是地球表面分布最广的矿物之一，它在地球上的储量位列第三，仅在冰和长石之下。石英是由二氧化硅组成的一种矿物，它呈透明或半透明状，被人们称为“洁白的冰”。矿石的硬度各有不同，科学家们根据它们硬度的不同划分了10个硬度等级，被称为“莫氏硬度”，而在这个等级中，金刚石的硬度为10，而石英的硬度为7。手机是我们日常生活中离不开的一个必需品，而我们往往会在拿到新手机的时候，立刻为手机屏贴膜。

石英石

如果不贴膜，我们的屏幕不管再怎么精心呵护，也会在不久之后被划出印记。其实，这些划痕大多数都是石英造成的，普通玻璃屏手机的屏幕硬度只有6，硬度为7的石英大量混杂在沙子和尘土中，因此便会轻而易举地伤害了我们脆弱的手机屏。你知道吗？结晶完美的石英就是我们所喜爱的水晶哦！

石英矿物

硫酸盐矿物

由金属阳离子与硫酸根相结合的化合物，常有附加阴离子。自然界已经发现的有180余种，在地壳中的分布不是很广，约占地壳重量的0.1%。

明矾石

明矾石是一种半透明的硫酸盐矿物，它的硬度在2~2.5之间，大多存在于火山岩中。明矾石的晶体非常罕见，纯净的明矾石是白色的，而含有杂质的明矾石则会呈现浅黄、浅红等颜色，我们生活中经常见到的明矾就是由它制取的。我国有着一种独特的染色工艺——扎染，扎染的历史非常悠久，早在东晋时期，扎染就已经开始盛行了，直到今天，我国的扎染工艺已经非常成熟了，并且扎染制品的价值也非常高。在扎染的过程中，人们经常会在燃料中放入可以帮助上色的媒染剂，而这个媒染剂就是我们的明矾。

红色明矾石 》

在非常炎热的夏天，我们的身上就会出很多汗，身上难免也会带有一些臭味，明矾具有止汗的功能，许多我们常用的天然除臭剂就是由它制成的。不仅如此，明矾还具有一定的止血功能，能够加快伤口的愈合。

明矾矿 »

重晶石

重晶石是最常见的含钡矿物，它的成分为硫酸钡。重晶石的晶体颜色通常为淡黄色、蓝色和褐色，而最为稀有的金黄色重晶石则出自美国的科罗拉多州。重晶石的形态各异，有板状、柱状，有的还呈花冠状集合体或花状集合体，其中花状集合体的重晶石被称为“沙漠玫瑰”。

重晶石 ≫

有些不良商家经常会用透明的蓝色重晶石来防止蓝宝石，但是重晶石的硬度为3~3.5，而蓝宝石的硬度为9，加上它们的重量和晶体形状也各不相同，我们还是很好辨认它们的。重晶石的应用也非常广泛，它在医药上常常被用作消化道造影剂——“钡餐”，将钡餐吞下后，我们的肠胃问题就会非常清晰地显示在X光片上了！你知道吗？重晶石还是一种白色的颜料哦！

重晶石

硅酸盐矿物

一类由金属阳离子与硅酸根化合而成的含氧酸盐矿物，在自然界中广泛存在。已知硅酸盐矿物有600余种，约占已知矿物的1/4。就重量而言，约占地壳岩石圈总重量的85%。

云母

云母是一种主要的造岩矿物，它是钾的铝硅酸盐水合物，有的云母中还含有钠、镁、锂或铁。云母晶体的内部具有层状结构，因此，云母的晶体形态呈片状，以六方状晶体为主。云母具有绝缘、耐高温的特性，被广泛应用在工业中。

黑云母石

云母矿主要包括黑云母、金云母、白云母、锂云母、绢云母、绿云母等，其中黑云母常常被用作电工器材等的绝缘材料，蒸汽锅炉等机械上的零件也是由它制造而成的。云母在医学上也有很大贡献，它在医学上还有云珠、云华等名字，它对风寒等病症具有一定疗效。

粉红色云母矿物

碳酸盐矿物

碳酸盐矿物是金属阳离子与碳酸根相结合的化合物。广泛分布在地壳中，已知的有80多种，其中分布最广的是钙和镁的碳酸盐。

文石

文石是一种碳酸盐矿物，它的化学性质与方解石相同。在自然界，文石的性状不稳定，常常会转变为方解石。文石在自然界的分布远远少于方解石，它常常出现在金属矿藏的氧化带上，在低温的条件下会在地表附近出现，温泉附近的洞穴中可能也会有它的身影。文石的硬度在3.4~4之间，晶体呈柱状或者针状，它的色彩种类繁多，有白色、灰色、浅黄色、绿色、蓝色、浅红色、蓝紫色或褐色，我们最常见到的是白色或黄色的文石。

文石 》

我国台湾地区的澎湖列岛和意大利西西里岛是世界上仅有的两个出产文石的地区。其实，珍珠、许多种类的贝壳以及大量海生无脊椎动物外部的甲壳都是文石。

文石 »

蓝色文石 ︾

方解石

方解石是碳酸盐的一种，目前已知的碳酸盐矿有70多种，而地壳中绝大多数的碳酸盐都是方解石、白云石和菱矿石。方解石是天然碳酸钙中最常见的，它的硬度为3。方解石的晶体种类丰富、形态多样，方解石的集合体有时是一簇簇的晶体，有时还呈粒状、块状、纤维状等等。我们常见的方解石大多呈白色或是无色透明，其实方解石的色彩也很丰富，它的颜色随着它体内所含杂质的不同而变化。

方解石 ≫

方解石中无色透明的被称为“冰洲石”，冰洲石具有光学特性，它可以用于偏光镜，穿过它的光线会被分成两部分，并且如果你透过它看物体的时候就会看到重影。世界上最大的两块冰洲石是贵州省徐氏珠宝制作室历经两年多的时间精心研磨雕琢制成的，现被珍藏在中国地质博物馆中。

《 琥珀蜂蜜方解石

珠宝玉石

矿物是地壳岩石圈的基础物质组成，它是地球演化过程中各种地质作用下，不同元素组合形成的化合物。矿物组成的各种岩石、矿石又组合形成形形色色的地层和千姿百态的名山大川，为人类生存提供了基础条件。同时，它美丽的晶形、漂亮的颜色，清新夺目，被人类赋予了美好而纯洁的寓意。

欧泊 ≫

祖母绿》

紫龙晶》

珠——三大有机宝石

珊瑚

在奇幻的海底世界中，生活着一种生物，它的外观就像树枝一样，颜色五彩斑斓、形态各异，被人们一直当作是一种植物，但它其实是生活在海中的一种腔肠动物，它就是珊瑚虫。珊瑚虫筑造了珊瑚礁这个海洋中的“热带雨林”，在这个“热带雨林”中孕育了无数个生命，而我国的三大有机宝石之一——珊瑚也是由它制造出来的。珊瑚是一种非常受欢迎的有机宝石，它由珊瑚虫分泌而成，珊瑚的颜色有红色、金色、蓝色、黑色、粉色，其中最名贵的就是红珊瑚。

珊瑚原石

天然的红珊瑚生长于100米至2000米的深海之中，它的生长非常缓慢并且不可再生。在我国，红色便是吉祥的象征，红珊瑚更是为人们所喜爱。在希腊神话中，宙斯之子珀尔修斯砍下了蛇发女妖美杜莎的头颅，滴落的鲜血便形成了珊瑚，因此，珊瑚在东西方国家人的眼里都被认为有辟邪的作用。

珊瑚 »

珍珠

有一个美丽的传说，在蔚蓝的大海中生活着美人鱼，美人鱼的眼泪掉落下来就变成了珍珠，因悲伤流出的眼泪会变成纯白色的珍珠，喜极而泣流出的眼泪会变成珍贵的粉色珍珠。珍珠是一种有机宝石，早在恐龙出现早期，它就已经在地球上出现了，它产自珍珠贝类和珠母贝类软体动物体内。珍珠中的“珍”字除了表示珍珠的珍贵之外，还具有珍惜、珍重、珍爱等寓意，在情人节或是结婚纪念日，许多男士会将珍珠赠予珍爱的女士，以表达自己浓厚的感情。

珍珠蚌

其实，珍珠的颜色有很多种，除了白色和粉色的珍珠外，还有黑色、蓝色、黄色等颜色的珍珠。珍珠分为淡水珍珠和海水珍珠，你知道它们二者的区别吗？海水中养殖的珍珠，它们就像双胞胎一样，可以生成出大小、颜色都相同的珍珠。而淡水中养殖的珍珠，它们的形状、大小都不一样。

《 白珍珠

琥珀

我们在树下休息聊天的时候，总是会遇到非常尴尬的一件事：裤子上不知道粘上了什么东西，感觉黏糊糊的，又很难擦掉，闻一闻好像有植物的味道，这种“烦人”的东西就是树脂。树脂是松树、桃树等树木的分泌物，它极其黏稠，如果不慎粘在衣服上想要洗掉都很难。正是这样一个“烦人精”，制造了一个又一个晶莹剔透的有机宝石——琥珀。琥珀呈鲜艳的金黄色，在希腊神话中，太阳神阿波罗被流放时就留下了琥珀般的泪水。

≫ 琥珀

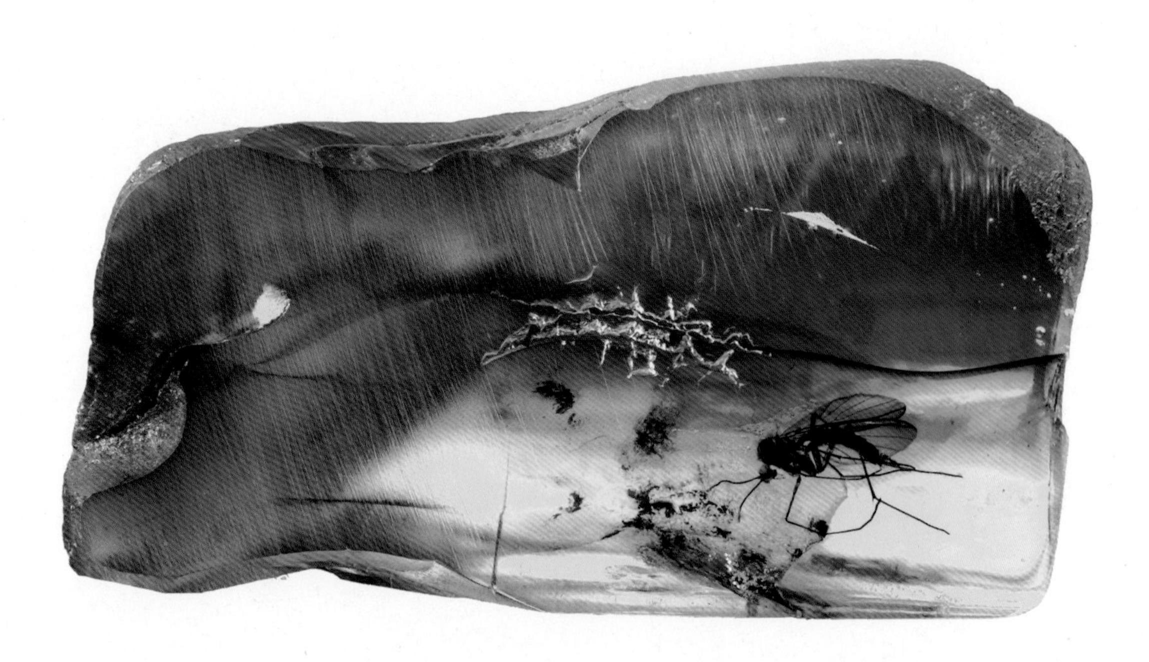

在我们的生活中，经常会见到琥珀中包裹着蚂蚁、蜘蛛、苍蝇等小昆虫，这样的琥珀就被称为“虫珀”，这些小昆虫可不想成为艺术品哦！它们其实是“受害者”，当书上的树脂从树上掉落在地面上的时候很有可能会击中地上路过的小“居民们”，我们人类都很难把树脂从裤子上去掉，更何况一个个弱小的昆虫呢，一旦被粘住，它们便无能为力，只能找一个好看的角度等着成为一个艺术品了。

《 琥珀

宝——五大宝石

钻石

钻石现在几乎已经成为结婚的标配了，一个钻戒似乎就代表着永恒的爱情。钻石其实是由金刚石经过一系列的精加工制成的，金刚石是世界上最坚硬的石头，或许这也体现了爱情的坚不可摧。不仅如此，钻石的化学成分中只有碳元素，它是宝石中唯一一种由单一元素构成的宝石。钻石的价格与日俱增，虽然它并不具有保值增值的能力，但它依旧是现代人结婚的首选，一颗小小的钻石就可以达到上万甚至上亿的价格。

钻石原石

在欧洲国家，钻石曾经是只有皇室才可以拥有的一种奢侈品，世界上最大的切割钻石“非洲之星”，就镶嵌在英国女皇象征权力的权杖上。钻石具有如此高的价值的原因，有很大一部分是营销的功劳，商人们将“钻戒代表坚贞不渝的爱情”“结婚没有钻戒是不完整的”等观念深植于人们的心中。其实，爱情是两个人心灵的契合，钻戒并不是结婚与否的关键性因素，人才是，心才是。

钻石 》

红宝石

红宝石就是红色的刚玉，金刚石是世界上最硬的矿物，而刚玉则是硬度仅次于金刚石的一种矿物。红宝石在世界五大宝石中排名第二，地位仅次于钻石。它鲜红的色彩，被称为“鸽子血”。红宝石非常珍贵，它一般都很小，因此大型的红宝石更加珍贵。红宝石的体内含有铬，所含铬的含量越大，它的颜色就会越深，直到变成紫色的蓝水晶。缅甸是生产红宝石的一个国家，在缅甸人眼里，红宝石可以给他们带来好运，赐予他们力量。相传过去缅甸的武士们在踏入战场之前都会用刀将自己的身上割开一个小口，将一粒红宝石放入其中，认为这样可以使他们拥有刀枪不入的能力。

红宝石

在红宝石中有一个世界著名的“红人”——德隆星光宝石，它是世界上最大的星光红宝石之一，它的家乡在缅甸，在1938年的时候，被捐献给了美国的历史自然博物馆。然而在1964年10月29日，它和博物馆内的众多宝石一起消失在了展柜之中。次年一月，许多与德隆红宝石一同被窃的宝石都被找了回来，小偷也被抓捕归案，但德隆红宝石已经被小偷们转手卖掉了。最终经过不断地协商，博物馆以25000美金的价格将它赎了回来，可谓是失而复得的一件宝物！

A 级小红宝石粗晶 »

红宝石原石

蓝宝石

蓝宝石和红宝石都是刚玉这种矿物。其实，蓝宝石并不是只呈蓝色，蓝宝石是除了红色的刚玉以外所有其他颜色的刚玉的通称。所以，蓝宝石有粉色、黄色、绿色、白色等各种颜色，它的色彩与它体内所含元素有关。当蓝宝石的体内含有铁元素时，蓝宝石会呈现绿色或褐色；当蓝宝石体内含有微量元素钛和铁时，蓝宝石则会显示出蓝色；当蓝宝石呈现粉色的时候，则证明它的体内含有铬元素。

蓝宝石原石

蓝宝石代表了忠诚、慈爱、坚贞、诚实，相比热烈的红宝石，它显得更加稳重，深得宝石爱好者的喜爱，蓝宝石在世界五大宝石中排名第三。蓝宝石在英国的皇家珠宝中占据着非常高的地位，著名的“圣·爱德华”蓝宝石是英国皇家珠宝中历史最悠久的宝石之一，它被镶嵌在英国“帝国皇冠”顶端的十字架上，见证着一代又一代国王的诞生。

蓝宝石 »

祖母绿

祖母绿被称为“绿宝石之王”。相比钻石的纯粹，祖母绿则是最复杂的那个，纯净无瑕疵的祖母绿非常罕见，但是再多的裂缝和内含物也无法掩盖它的光芒，人们更是称它为“花园宝石”。绿色代表无限的生机和生命力，而绿色的祖母绿更是作为生命和希望的象征为我们所喜爱，最优质的祖母绿的价值可以与钻石相匹敌。

祖母绿

祖母绿是一种非常古老的宝石，绿色也象征了纯洁。早在距今6000年前的古巴比伦，它就已经是一种非常珍贵的宝石了，人们会将它献给女神。在古罗马，绿色还是爱与美的女神维纳斯的颜色。传说耶稣在最后的晚餐中使用的圣杯就是由祖母绿制成的。

《 祖母绿戒指

金绿宝石

金绿宝石在世界五大宝石中位列第五，它的硬度仅次于金刚石和刚玉。金绿宝石貌似是一个我们没怎么听说过的宝石，不过，你一定见过它的“家庭成员”！金绿宝石的家庭成员中，最著名的就是猫眼石，其次就是变石。猫眼石是一种非常有特点的宝石。一些宝石经加工后，它的弧面上会呈现一条明亮的光带，看起来就像猫咪的明眸，这种现象被称为“猫眼效应”，而这种宝石就是猫眼石。

粗金绿柱石

猫眼石的颜色绚丽透亮，它也成了当下流行的一种美甲款式，赢得了众多热爱美甲的姑娘们的心。金绿宝石中的另一个变种“变石”是一种非常神奇的宝石，它是最稀有且昂贵的宝石之一。变石中的“变”字体现在它的色彩上，变石在日光下会呈现绿色，而在钨光下，即室内灯光下则会变成红色。

《 金绿宝石

玉——四大名玉

和田玉

和田玉是“中国四大名玉”之首，被称为中国“国玉”。和田玉因产自新疆和田而得名，它的颜色有白色、青色、灰色等，色彩种类丰富多样，当它的主要组成矿物为白色透闪石时，则呈现白色。当和田玉呈现绿色的时候，它的体内则含有铁，铁的含量越高，所呈现的绿色就越深。在黑色的墨玉中则含有石墨在其中。在和田玉中有一种世界罕有的成员——白玉，白玉中最为名贵的当属羊脂白色的白玉。

和田玉原石

自打和田玉登上历史舞台就一直是献给王室的主要玉种，和田玉的称呼也千变万化。在战国时期，和田玉被称为“禺氏之玉”，而到了秦朝，它因产于昆仑山脉而被称为“昆仑之玉”。最终，它在不断地改朝换代中获得了“和田玉”这一名字并一直沿用至今。2008年北京奥运会“徽宝”玉玺和金镶玉奖牌都是由和田玉制造而成的。

和田玉 》

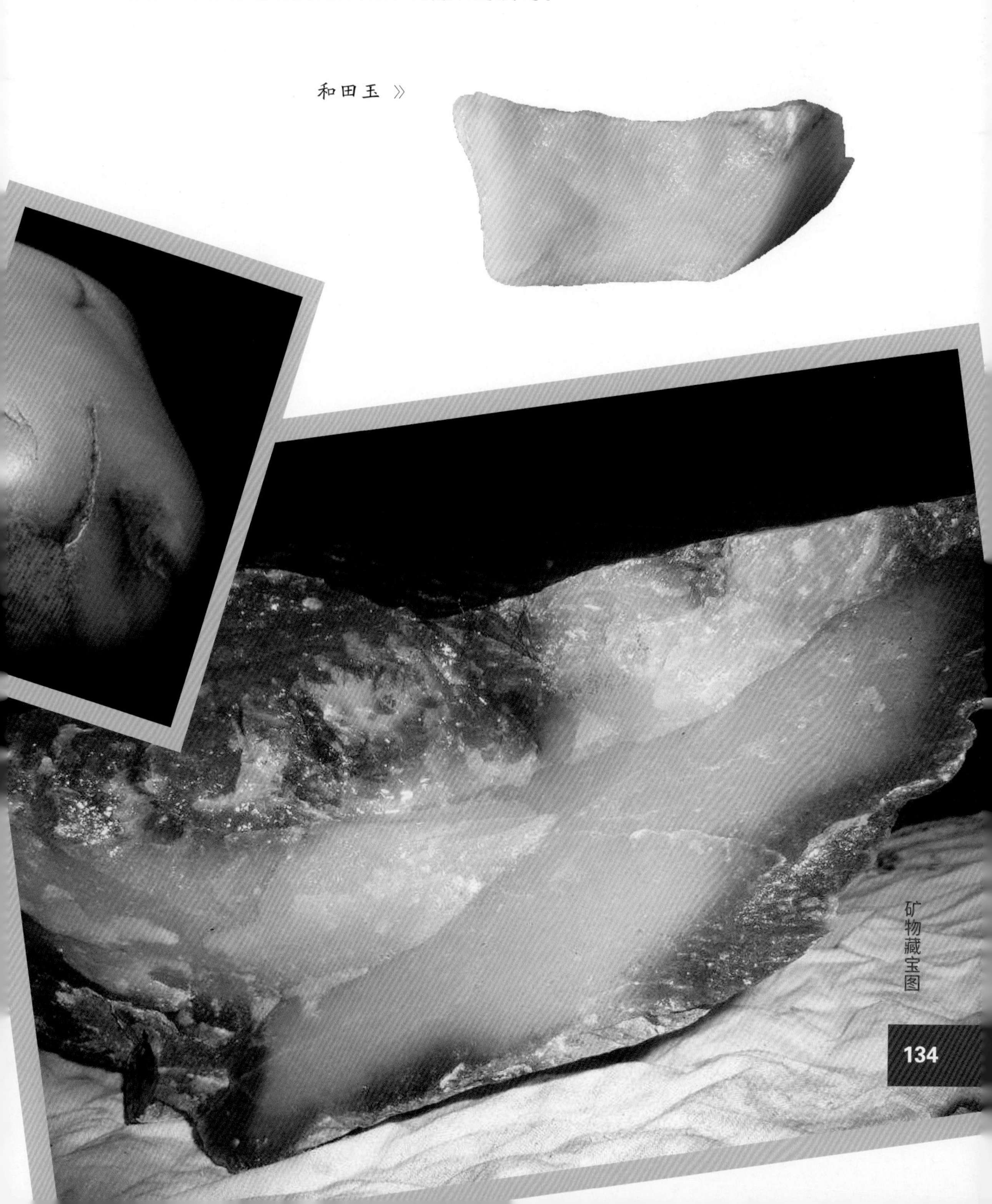

独山玉

独山玉是中国四大名玉之一，因产自河南南阳的独山而得名，因此它又称“南阳玉”“独玉”。我们常见到的独山玉普遍呈翠绿色，而独山玉其实有绿、蓝、黄、紫、红、白6种色素，色彩类型更是多达77个。独山玉的颜色种类如此丰富的原因是它体内所含的成分不同，例如，当独山玉中含有铬时，会呈现绿色，含有钒时呈黄色，同时含铁、锰、铜三种成分时则为淡红色。

独山玉

独山玉是一种非常重要的玉雕材料，它的质地坚韧，硬度在6~6.5之间，几乎可以与翡翠相媲美，因此，它还有“南阳翡翠”的美称。其实，早在6000年前，独山玉就已经被开采和使用了，西汉时期独山玉的地位不亚于今天的和田玉！

《 独山玉

岫岩玉

岫岩玉是中国“四大名玉”之一，它产自辽宁岫岩。岫岩玉质地坚韧，是一种极佳的玉雕材料。岫岩玉的色彩种类丰富多样，有绿色、黄色、白色、黑色、灰色5种基本色调。其中，黑色的被称为“墨玉”，灰色的为“火石青”，颜色不单一，其中夹杂着红色、黄色、褐色的称为“花玉”，而白色中夹杂绿色的则被称为“甲翠”。岫岩玉中铁含量的多少决定了颜色的深浅，铁含量多的色彩较深，而铁含量少的，其色彩就会较浅一些。

岫岩玉

其实，岫岩玉是中国玉石文化史上开发最早的一种玉石，它还被称为中国玉文化的第一块奠基石。位于内蒙古赤峰市敖汉旗的内蒙古兴隆洼文化遗址，是新石器时代早期先民聚落遗址，距今已有8000年，这一处遗址被学界认定是中国玉文化之源，其中出土最多的玉器就是岫岩玉。

《 岫岩玉矿石

蓝田玉

蓝田玉是中国“四大名玉”之一，产自陕西西安的蓝田山。蓝田玉的色彩斑斓，往往在一个蓝田玉上会有许多种颜色，它的质地坚硬，是一种良好的玉雕材料。我国对蓝田玉的开发和利用历史悠久，直到今天已经有5000多年的历史了。新石器时期的古人就已经将蓝田玉作为佩戴的首饰了。在我国古代，玉玺是至高权利的象征。从秦始皇开始，玉玺就是中国历代正统皇帝的凭证，而号称“天下第一玺”的秦始皇传国玉玺就是由蓝田玉制成的。

蓝田玉矿石

你知道吗？蓝田玉的身上还有一个蓝田县人尽皆知的传说，传说蓝田县在很久以前只是一个没有名字的小山庄，当地有一位穷书生，名叫杨伯庸，他心地善良、乐于助人，每天都会在陡峭的山路旁帮助长途跋涉的人。有一天，杨伯庸救助了一位身上背着碎石头的老人。老人在临走时送给他一些碎石，并让他种在地里，说这样会给杨伯庸带来好运。杨伯庸照做后竟收获了一斗玉石，娶回了一位温柔贤惠的妻子。这便是蓝田玉的美称“玉种蓝田”的由来。

《 蓝田玉

石——八大玉石

紫龙晶

紫龙晶又叫“查罗石”，它被称作“慈善之石”。紫龙晶由紫色与白色的纹路相互缠绕，且纹路清晰，它的色彩鲜艳，高贵的气质使它被称为“紫色王子石”。

紫龙晶矿 》

紫龙晶是由含有强碱性的霞石正长岩入侵至石灰岩之中，经过一系列压力、温度、化学物理作用等因素形成的一种独特的宝石，它的晶体呈柱状或纤维状。霞石正长岩是一种碱性岩，它主要由钾长石、钠长石、碳石和铁黑云母组成。紫龙晶的颜色越深，证明它的质地越好。

《 紫龙晶吊坠

青金石

青金石是天青石的主要矿物成分，正因为它的存在，天青石才能呈现出美丽的蓝色。青金石是一种铝硅酸盐硫化物，它的硬度在5~5.5之间，晶体为半透明至不透明。青金石比较稀少，它常常产自晶质灰岩之中，经常以集合体的形式产出。青金石的颜色呈深蓝色、紫蓝色、天蓝色等等，它是一种天然的染色颜料，很久以前，青金石还被用作眼影，人们认为使用这种眼影可以治疗眼疾。

青金石

质地最好的青金石的颜色呈忧郁的蓝色，并且有少量白色方解石和黄铜色的黄铁矿星斑散布其表面。青金石在我国古代被称为“金精”“瑾瑜”“青黛”等，据资料显示，青金石的“老家”在阿富汗，它通过丝绸之路传入了中国，是东西方文化交流的一个见证。古罗马人口中的蓝宝石并不是我们今天的蓝色刚石，它其实就是青金石。

青金石湿润状

黑曜石

黑曜石是一种非常常见的黑色宝石，它就是黑曜岩。黑曜石又被称为“龙晶”“十胜石”，是一种天然火山玻璃，它的表面具有玻璃光泽，古代人还曾用它当作镜子使用。黑曜石的成分是二氧化硅，它大多分布在曾经有火山活动的地区，它是熔岩遇冷时，还没来得及结晶就快速凝固的一种岩浆岩。黑曜石又被称为“天然琉璃”，它的颜色通常呈深黑色，也有呈棕色或红色的种类，当它的体内含有氧化铁的时候就会呈现红褐色。

黑曜石

黑曜石的种类有很多，最常见的就是彩虹黑曜岩，其中比较稀有的就是红褐色的桃红黑曜岩。黑曜石具有好看的贝状断口。如果你不慎将它摔碎了，你就会发现它的断口十分锋利，因此古代人还将它用作武器防身。

《 黑曜石矿

木变石

木变石是硅化石棉的俗称，它的颜色和纹理与木材非常相像，因此得名“木变石”。它是一种有猫眼效果的宝石，因为它的颜色大多呈黄棕色，又有黑色的纹路，与老虎的斑纹很像，所以木变石还被称为“虎睛石”。虎睛石是“世界五大高档宝石之一”，虎睛石的种类很多，包括黄虎睛石、红虎睛石、蓝虎睛石等等，其中最为常见的就是黄褐色的黄虎眼石，其余两种都比较稀有。

木变石

蓝虎眼石是一种硅化未完成的蓝色变异种，它又被称为“鹰眼石”，鹰眼石以蓝色为主，通常呈灰色和灰蓝色，它的花纹奇特，像一条缎带包裹其中，它的价格也要比其他品种的虎睛石贵很多。在我国，只有河南省淅川有发现类似虎睛石矿。天然虎眼石的光泽会随着佩戴者健康状况的变化而变化，当“主人”的身体状况不良的时候，它就会变得黯淡无光。

木变石

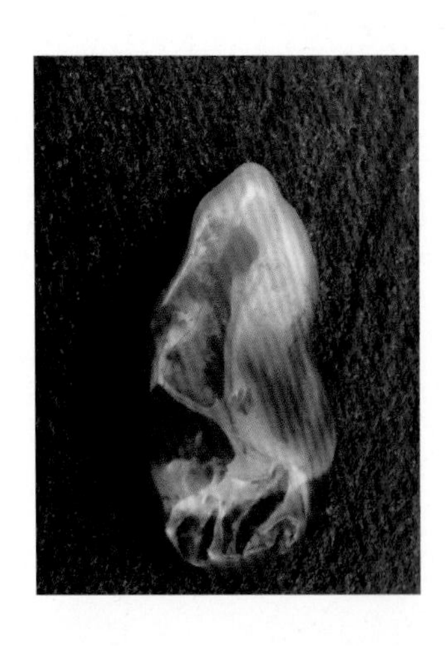

玛瑙

玛瑙是玉髓中的一种，是一种致密状隐晶质的石英。玉髓早在新石器时期就已经成为人们的饰品了，玉髓质地通透，其中具有条带状结构的种类就是玛瑙。玛瑙大多形成于喷出的岩浆岩空洞之中，它的主要成分为二氧化硅，硬度为7，色彩的层次非常明显，常常呈同心圆构造。

玛瑙

玛瑙的条带色彩种类丰富，它们分别呈不同色度的白色、黄色、灰色、浅蓝色、褐色、粉色、黑色或红色，这与玛瑙体内所含的杂质不同有关，条带呈现黄色很有可能与褐铁矿有关，而红色可能是它的体内含有赤铁矿导致的。玛瑙的名字源于古代的蒙古人，当他们看到玛瑙时，发现玛瑙的颜色和花纹很像马的脑子，就认为它们是由马脑变成的石头，便起名为“马脑”，后逐渐演变为“玛瑙”。

玛瑙切面》

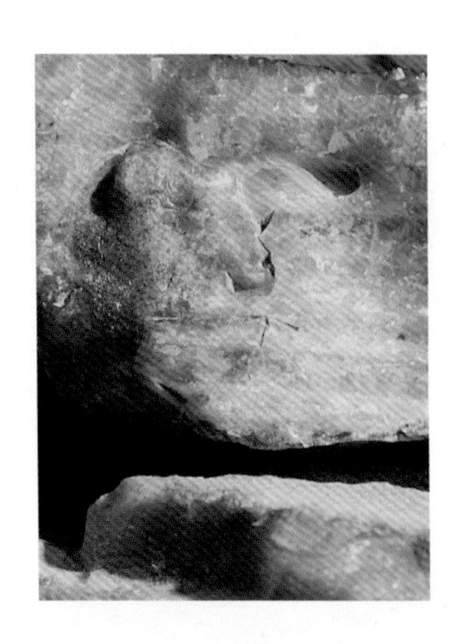

欧泊

欧泊是蛋白石中名贵的一种，蛋白石是一种硬化的二氧化硅胶凝体，它在自然界的分布非常广泛，主要形成及出产于中生代大自流井盆地的沉积岩之中，体内常含有5%~6%的水。欧泊的英文名为“Opal”，源于罗马语的“Opalus”，它的意思是“珍贵的石头”，它是一种“集宝石之美于一身”的宝石，质地好的欧泊还被誉为“宝石的调色板”。

欧泊原石

欧泊的颜色丰富多样，呈无色、白色、黄色、橙色、玫瑰红色、黑色、暗蓝色等，它的色彩也与体内所含成分的不同有关，含有铁的氧化物的欧泊呈现红色，而黑色的欧泊则源于锰的氧化物和有机碳。不仅如此，它还具有独特的变彩效应，当光线以不同的角度照射在它身上的时候，它就会呈现出五颜六色的变彩！

《 欧泊

翡翠

翡翠是我们非常熟悉的一种名玉，它又被称为“翠玉”“缅甸玉”。翡翠是石质多晶集合体，它主要由硬玉、绿辉石、钠铬辉石、角闪石等矿物组成，它的硬度在6.5~7之间。我们常见的翡翠大多为绿色，绿色的翡翠也是翡翠中的上等品，除了绿色的翡翠外它还有红、橙、黄、绿、青、蓝、紫等各个颜色的品种。翡翠名字的来源有好几种说法，其中一种说法是：在古代，翡翠是一种鸟的名字，它生活在南方，具有色彩鲜艳的羽毛。

翡翠

其中，雌性的羽毛为绿色，被称为“翠鸟”，又叫作“绿羽鸟”；雄性的羽毛为红色，被称为“翡鸟”，即“赤羽鸟”。翡翠便来自这种鸟的名字。另一种说法认为，“翠”在古代专指产自新疆的和田玉，为了区分二者翡翠被称为“非翠”，后逐渐演变成为“翡翠”。故宫博物院是全国乃至全世界收藏古代翡翠最多的博物馆。

《 翡翠吊坠

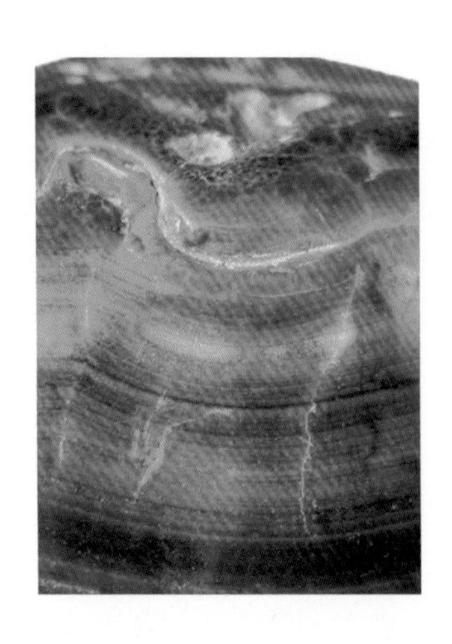

孔雀石

孔雀石是一种碳酸盐矿物，它的颜色呈翠绿色，晶体形状为块状或葡萄状，它因颜色与孔雀羽毛上的绿色斑点相似而得名。孔雀石的硬度在3.5~4之间，它是铜的一种次生矿，是人类历史上最重要的矿石之一。早在大约公元前4000年，人类已经发现用火加热孔雀石可以生成自然铜了，因此孔雀石很有可能就是最早的铜矿石。

孔雀石

古代人们用孔雀石制铜，这很有可能是人类第一次使用矿石来炼制金属。在我国古代，孔雀石还被称为“绿青”“石绿”或“青琅玕”，有“妻子幸福”的寓意。孔雀石可以用作眼妆，经研究发现，用孔雀石化眼妆可以治愈眼部疾病。不仅如此，孔雀石还可以用来制作颜料。

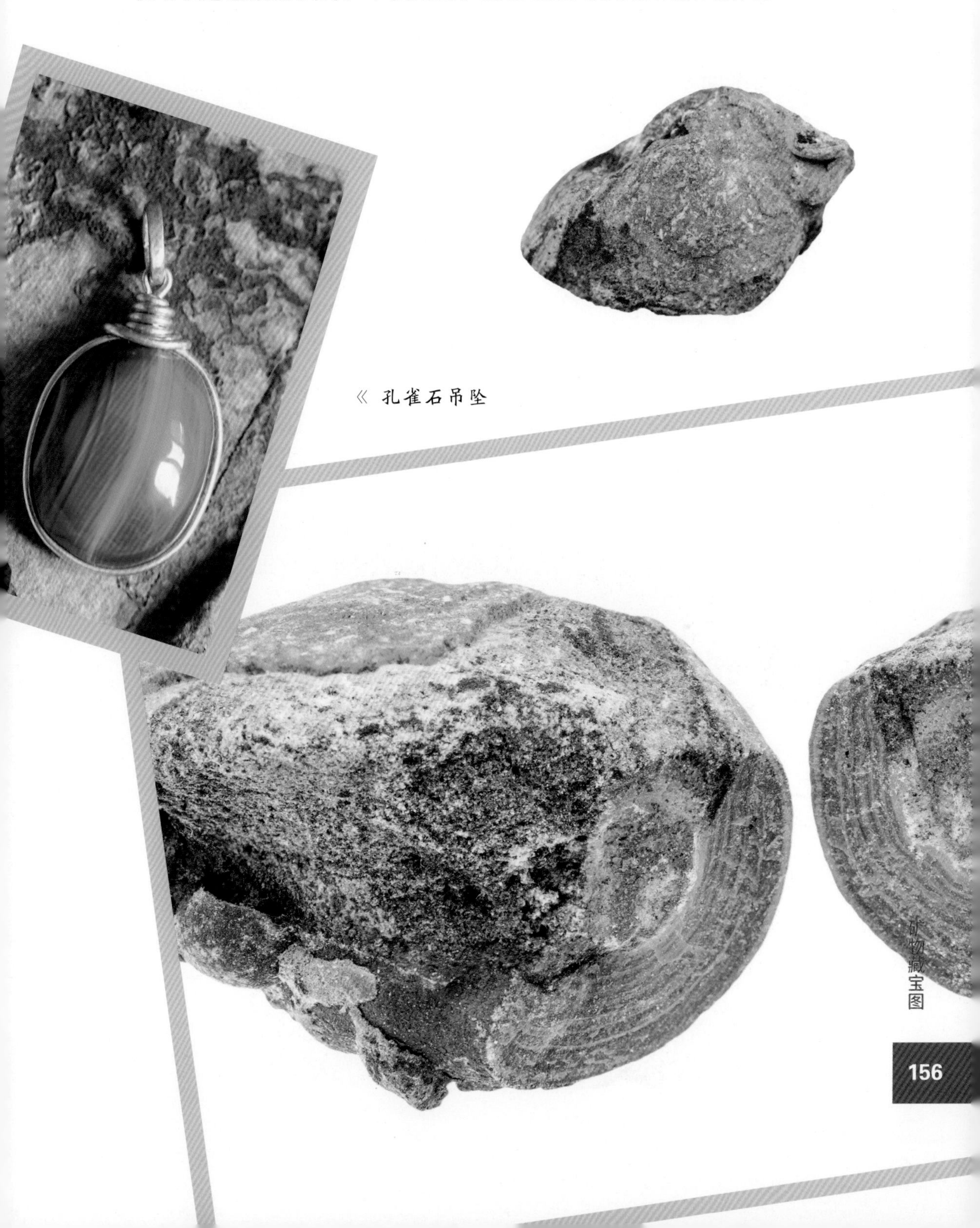

《 孔雀石吊坠

四大印石

寿山石

寿山石是中华文化瑰宝，它是中国“四大印章石”之一，被称为“印石之王”。寿山石产自福建省福州市晋安区，它的色彩丰富多样，硬度较小，质地细腻，具有很强的可塑性。寿山石在中国非常稀少，寿山石早在1500多年前就已经被用作雕刻的材料了，是达官贵人以及文人雅士喜爱的藏品。寿山石中的极品就是田黄石，因它是一种在稻田中被发现的黄色彩石而得名，被称为石帝，即“万石之王”。田黄石与鸡血石，芙蓉石并称为“印石三宝”。

寿山石原石

田黄石中最上品的就是田黄冻石，清乾隆皇帝就非常喜欢收藏田黄石印章，据说在他的一生中收藏了近1000枚田黄石印章！传说寿山石是女娲补天时洒落人间的灵石、还是凤凰留在人间的彩卵！它可真是一种具有传奇色彩的“神石”啊！

寿山石 》

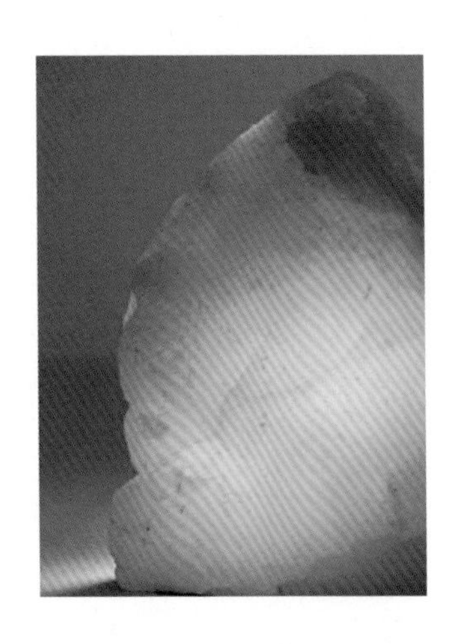

青田石

青田石产自浙江省青田县山口镇，是我国传统的“四大印章石”之一。青田石是流纹质凝灰岩，是一种变质的中酸性火山岩，它主要由叶蜡石组成，其中还含有石英、绿帘石等矿物成分。青田石色彩多样，种类有红色、黄色、蓝色、白色、黑色，它所呈现的颜色与它体内所含的化学成分有关。当青田石体内所含的三氧化铁很低时，它会呈现出青白色；三氧化铁含量较低时则呈现黄色；当它呈现红色时，就证明它体内的三氧化铁含量很高。

青田石

青田石从古至今都是人们所喜爱的石材，青田石雕更是凭借着优质的工艺，被外交部定为国礼，成为东西方各国和平的象征以及友情的见证。1992年，我国还发行了“青田石雕特种邮票”，这是中国第一套石雕邮票。

《 青田石

昌化石

昌化石产自浙江省临安昌化镇，它是中国“四大印章石”之一，被称为“印石皇后”。它的主要矿物成分为地开石。地开石是一种含有羟基的铝硅酸盐矿物，硬度在2.5~3.5之间，是一种黏土矿物。昌化石的颜色种类很多，主要有白色、黑色、红色、黄色、灰色等各种颜色，它被认为是色彩最丰富且最具变化的一种石材，它具有其他彩石所具有的各种颜色，并且还具有其他彩石所没有的色彩。

≫ 昌化石

昌化石中最为名贵的一种就是“印石三宝”中的“昌化鸡血石”。昌化鸡血石是中国特有的一种珍贵宝石，它被誉为“石中皇后”，被评为是具有“四性”——独有性、奇特性、观赏性、文化性的一种宝石。

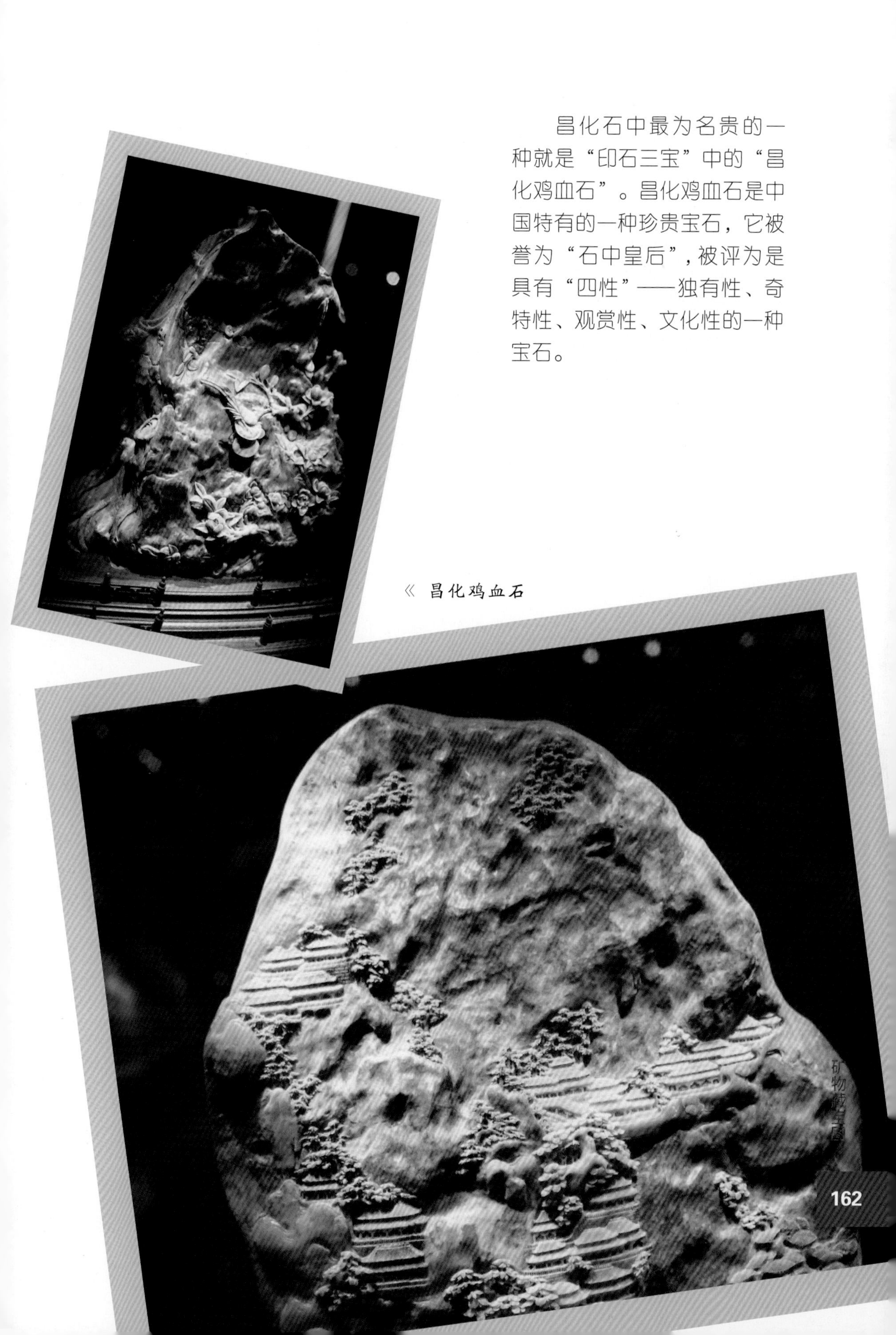

《 昌化鸡血石

巴林石

巴林石是中国“四大名石”之一，它产于内蒙古自治区赤峰市巴林右旗。巴林石是叶蜡石的一种，叶蜡石是一种含羟基的层状铝硅酸盐矿物，是一种晶体为半透明状的流纹岩，硬度在1~2之间。巴林石是由富含硅、铝元素的流纹岩受到火山热液的蚀变作用，进而发生高岭石化形成的一种宝石。巴林石的种类繁多并且色彩丰富，分为鸡血石、福黄石、冻石、彩石、图案石五大类。

巴林石 ≫

其中，巴林鸡血石是巴林石中的极品。昌化鸡血石、寿山石、青田石、巴林石并称“四大国石”。巴林石的颜色呈鲜红、朱红、暗红等颜色。鸡血石“鸡血”的成分是硫化汞，也就是朱砂，而鸡血石就是由朱砂渗透至高岭石或地开石之中，逐渐交融形成的宝石。

《 鸡血石

观赏石

戈壁石

戈壁石，石如其名，它产自沙漠戈壁地区，主要产地为腾格里、巴丹吉林和乌兰布和这三大沙漠之中。戈壁石的主要成分为二氧化硅，它呈半透明至不透明状，硬度在6.5~7之间。玛瑙、玛瑙质类、碧玉、玉髓石类、化石类等都是戈壁石中的“成员”，有名的硅化木也名列其中。

戈壁石

硅化木是一种木化石，它是上亿年的乔木被埋葬在地下后，被地下水中的二氧化硅替换形成的一种树木化石，它在此过程中很好地保留了树木的木质结构和纹理，内蒙古阿拉善地区的戈壁石品质最好，戈壁石的价格每年都在不断上涨，尺寸不大的戈壁石的价格甚至可以达到上亿元。

《 戈壁石

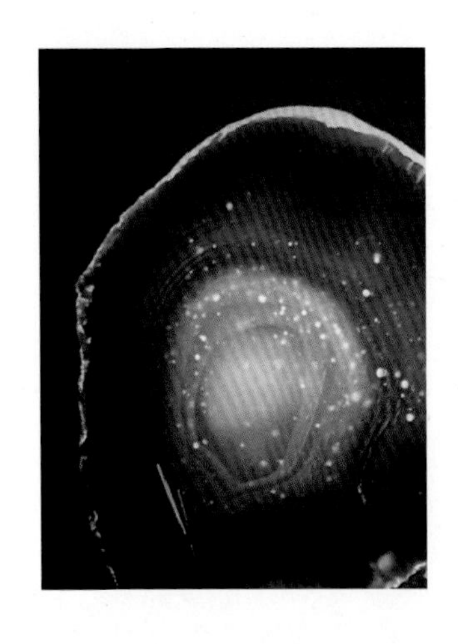

缠丝玛瑙

缠丝玛瑙是红缟玛瑙的一种，它的外观独特，看起来就像许多种颜色的丝带在相互缠绕一样，它是玛瑙中的上品。缠丝玛瑙的颜色千变万化，有红白相间的，有蓝白相间的，还有黑白相间的。缠丝玛瑙的硬度较高，可以达到5.5~7度，是玉雕常用的一个品种。

缠丝玛瑙

缠丝玛瑙除了被制作成各种挂坠、项链、手链等首饰之外，还被用来制作围棋棋子，当然，它的价格也非常昂贵。缟玛瑙中还有一个有趣的传说，传说爱与正义的女神维纳斯熟睡时，爱神丘比特偷偷剪下了她的指甲，将其撒向大地，这些指甲便变成了宝石，也就是我们的缟玛瑙。

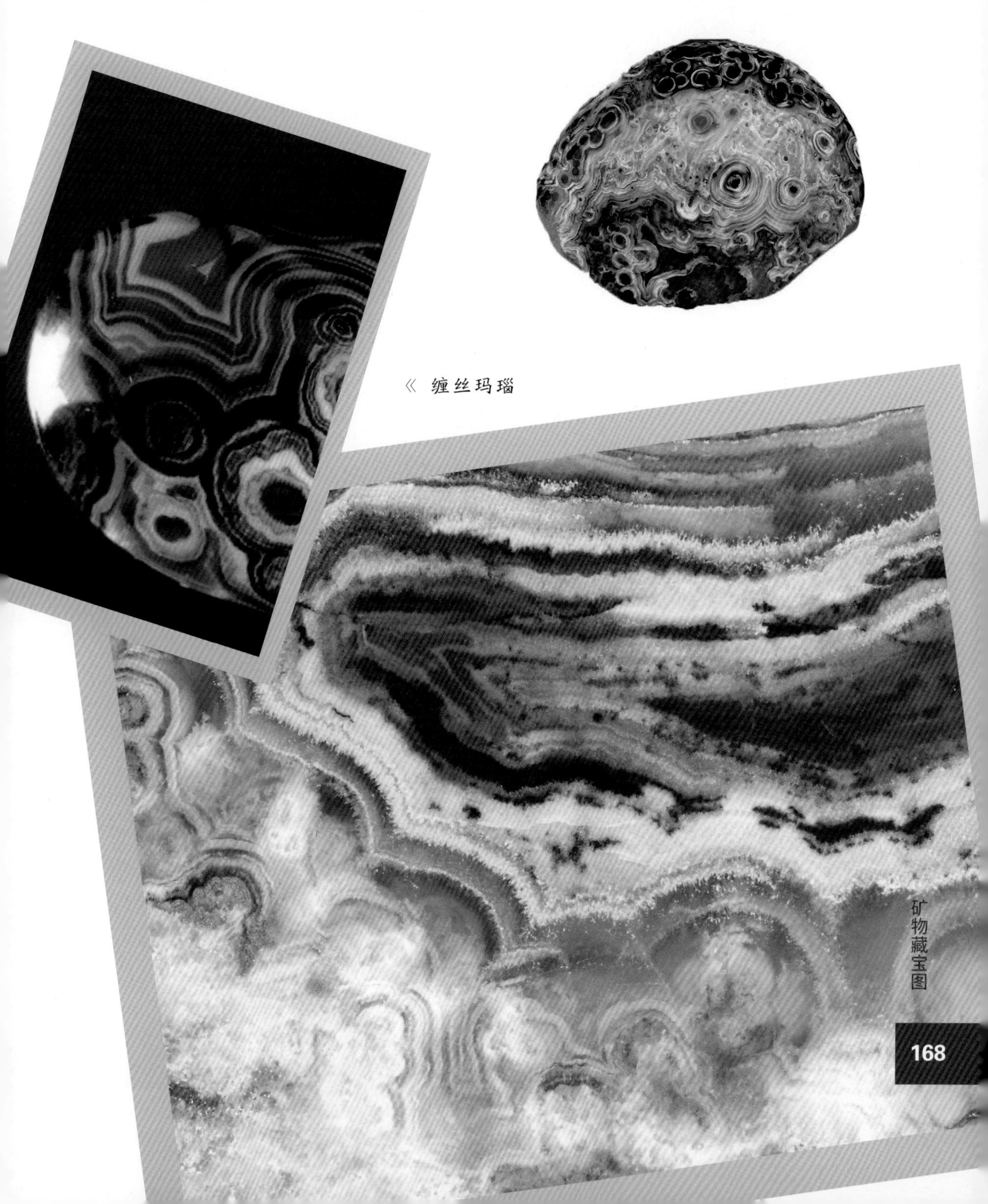

《 缠丝玛瑙

葡萄玛瑙

葡萄玛瑙大多产自阿拉善苏宏图以北20公里处的火山口附近，是“大漠奇石”之一，它的硬度在6.5~7之间。葡萄玛瑙由密密麻麻、色彩丰富且大小不一的圆珠状玛瑙小球组成，看起来就像一串串晶莹剔透的葡萄，非常具有辨识度。葡萄玛瑙在人类出现之前就已经形成了，它是大约两亿年前海底火山爆发而创造的“艺术品”。葡萄玛瑙的成分主要是二氧化硅，它的颜色也和葡萄的颜色很像，大多呈浅红色、深紫色。

葡萄玛瑙

葡萄玛瑙自1995年被发现开始，就一直被人们所喜爱，它的形成条件非常苛刻，并且是内蒙古的一种独特宝石，其价值也一路飙升，与风凌石、沙漠漆并称为“大漠三绝”。

≫ 葡萄玛瑙

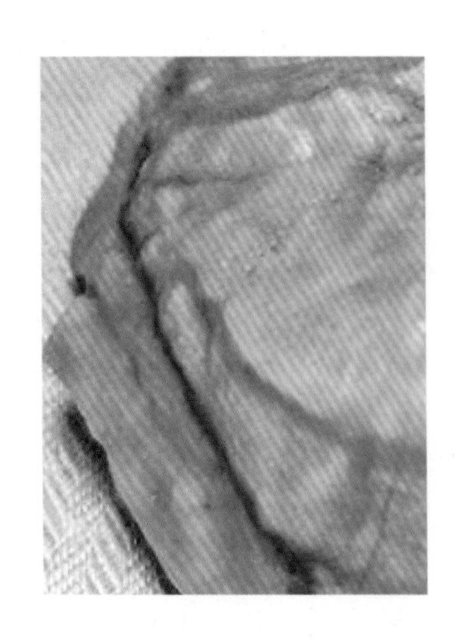

沙漠漆

在戈壁基岩裸露的荒漠区，地下水位上升会没过这些裸露的基岩，随着蒸发又会在岩石表面留下一层棕红色的氧化铁和黑色的氧化锰薄膜，这层薄膜附着在岩石表面，就像涂抹了一层油漆，人们就称这种石头为“沙漠漆”。沙漠漆是戈壁石中的一种，它产自内蒙古自治区阿拉善地区以及新疆北部地区，是“大漠三绝”之一。

沙漠漆

沙漠漆是一种含氧化铁和氧化锰的矿物，硬度在7~8之间，是一种质地比较坚硬的岩石。沙漠漆最为独特的就是它的外表，它体内的矿物质分布在石内深浅不一的各个位置上，这便使它的表面呈现出了各种美丽的画面。按沙漠漆的画面分，它可分为山水画、油画、朦胧画、生物图等类别。

《 沙漠漆

阴山雪玉

阴山雪玉是玛瑙的一种，原产自内蒙古自治区巴彦淖尔市乌拉特后旗境内的阴山山脉。阴山雪玉的硬度在6.5~7.5之间，颜色种类多样，有青白色、瓷白色、奶油白色、紫罗兰色、红色等，其中最常见的为白色或黑白相间的阴山雪玉。

阴山雪玉

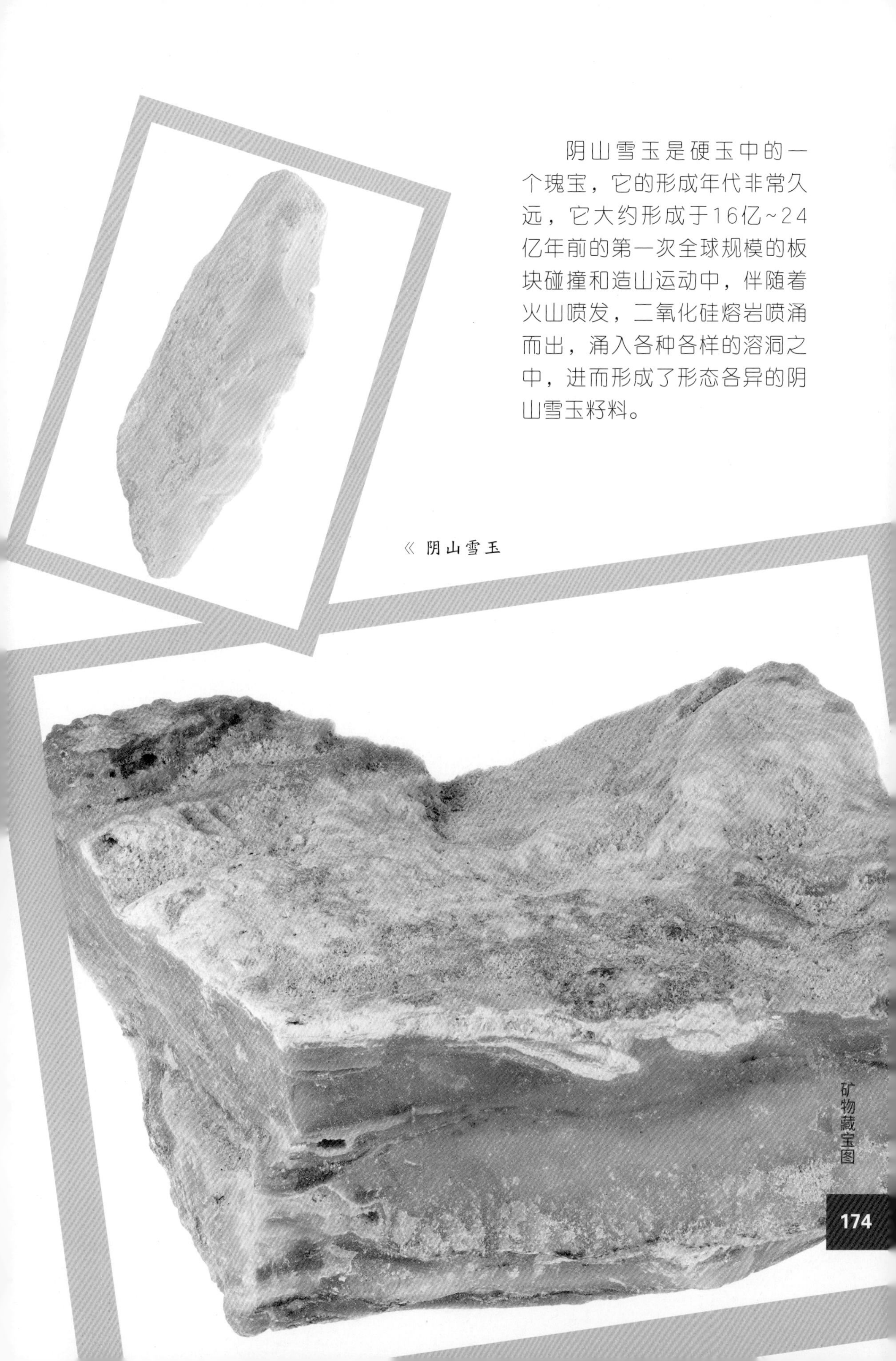

阴山雪玉是硬玉中的一个瑰宝，它的形成年代非常久远，它大约形成于16亿~24亿年前的第一次全球规模的板块碰撞和造山运动中，伴随着火山喷发，二氧化硅熔岩喷涌而出，涌入各种各样的溶洞之中，进而形成了形态各异的阴山雪玉籽料。

《 阴山雪玉

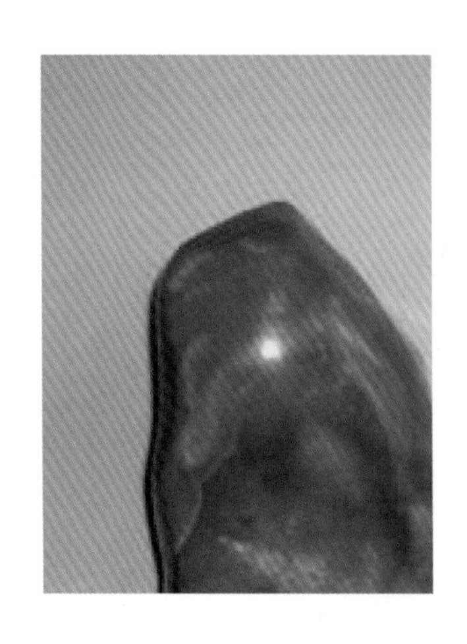

佘太玉

佘太玉又被称为“佘太翠”，它产自内蒙古自治区乌拉特前旗的大佘太镇。佘太玉是一种硬石，它的硬度在6.9~7.2之间。佘太玉中最主要的化学成分为二氧化硅，它的色彩纯正并且种类丰富，这是它体内含有锌、铁、铜、锰、镁等多种微量元素导致的。佘太玉有三种基本色调，分别为白色、青色、翠色，其中还具有各种深浅不一的过渡色。

佘太玉

佘太玉直到2007年才被我们所发现，现已收藏于中国地质博物馆。据检测，佘太玉大约形成于18亿年~24亿年前，是中国最古老的一种古玉。不仅如此，佘太翠是中国仅有的一种露天玉矿，它的发现填补了中国没有翠玉的空白，丰富了中国8000多年的玉文化。

《 佘太玉

肉石

有一种奇石，它的外观就像一块肉一样，看到它的样子，我们都会禁不住流出口水，这种奇石就是——肉石。肉石又被称为“肉形石”，它的外观可不是人工雕琢的，它是天然形成的一个石种，肉石大多为沉积岩、硅质岩或变质岩，它的成分主要为二氧化硅，是在地质运动的过程中与其他矿物质接触后色化形成的。国内许多地区都是肉石的产地，如内蒙古、河北、山东、浙江、安徽等。

肉石 ≫

肉石有许多代表，它们与肉真可谓是一模一样！东坡肉石又叫作“红烧肉石”，它是台北故宫博物院三大“镇馆之宝”之一。这块“五花肉”的肥瘦都十分鲜明，感觉按一下就会流出金灿灿的油来，即便你知道它是块石头，你或许也无法相信这个事实。

《 肉石

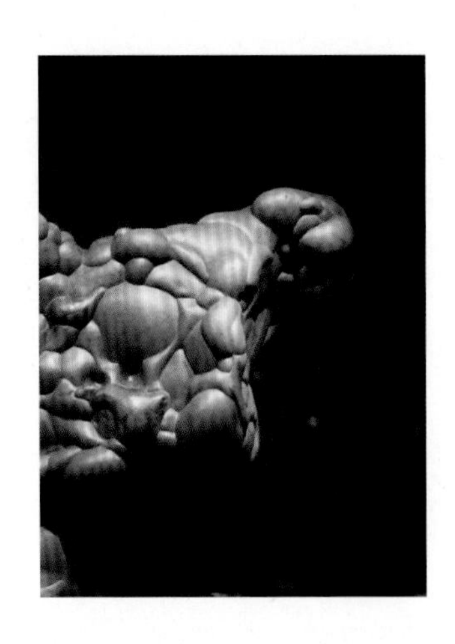

泡泡玉

泡泡玉是一种二氧化硅质类的宝石，它产自内蒙古自治区阿拉善左旗北部的银根、乌力吉苏木境内。泡泡玉是玛瑙的一种，它的硬度为7，比翡翠的硬度都要高，它在几亿年前就已经在火山喷发中形成了。泡泡玉的色彩丰富，有红色、黄色、蓝色、绿色、紫色、黑色、灰色等各种颜色，并且泡泡玉中许多种类还具有色彩丰富的套色。

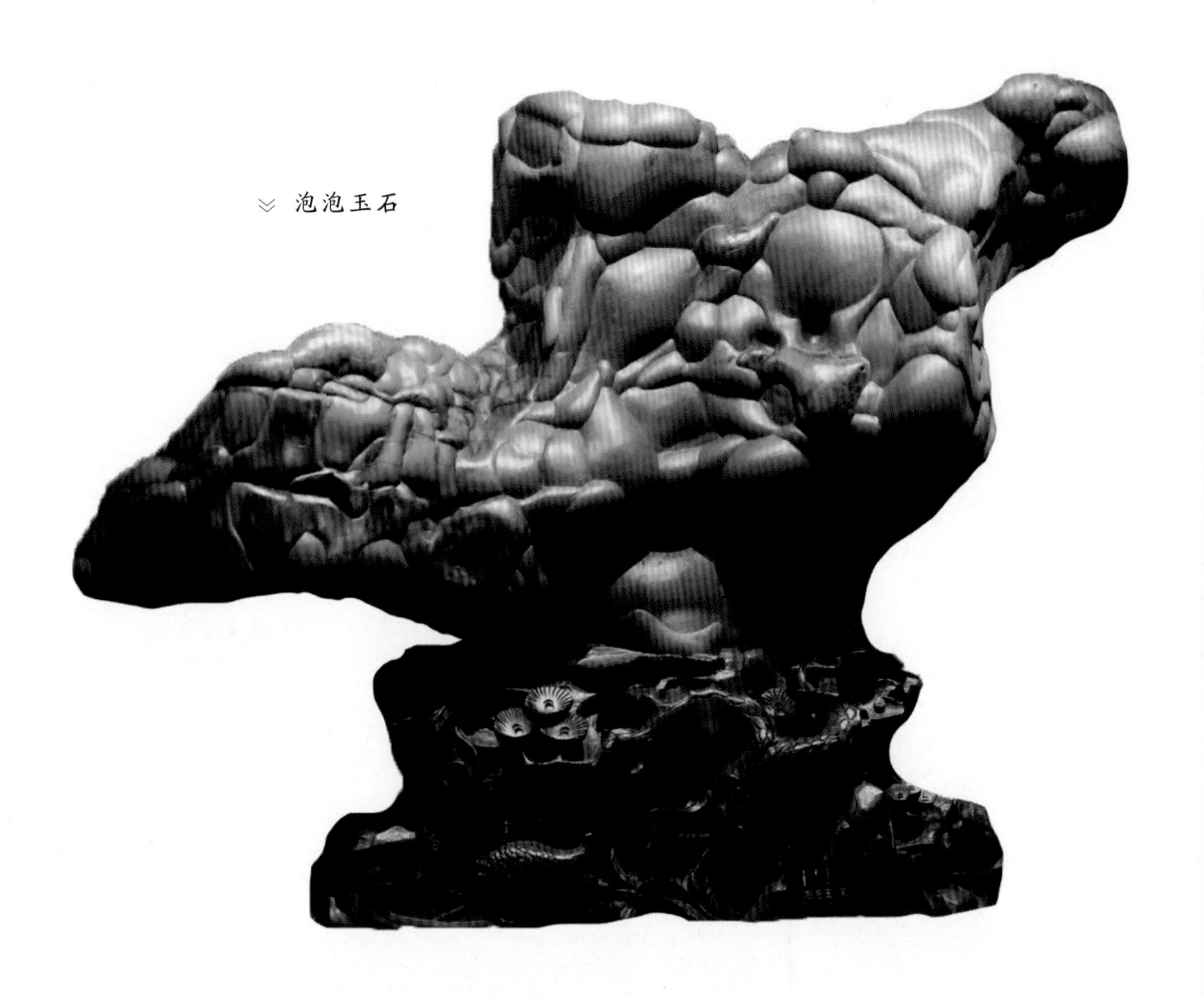

泡泡玉石

泡泡玉是奇石的一种，它的“奇”体现在其独特的外形上，在它的表面上有许多泡状纹理，石界专家将它命名为“肾状玛瑙”，如果你看到它的样子，你就会发现专家的命名有多精辟了，泡泡玉不仅有看起来像肾脏的，还有的长得非常像大肠、肿瘤的，可真是一种当之无愧的奇石啊！

《 **泡泡玉**

千层石

我们经常能在小区院子里、古代林园和庭院中看到一种岩石，它经常与小瀑布和小池相伴，一层一层的就像“千层饼”一样，它就是“千层石”。千层石又叫“积层岩”，它是沉积岩的一种，属于海相沉积的结晶白云岩。白云岩是一种沉积碳酸盐岩，它的颜色呈灰白色，硬度在3.5~4之间，主要由白云石组成，其中还常常会含有石英、长石、方解石和黏土矿物。

千层石

千层石的颜色呈灰黑色、灰白色、灰色或棕色，各种颜色相间，构成了一层层横向的层状纹理结构，层与层之间还会夹着一层浅灰色的岩石。千层石的品种有很多，有黑白道、龙鳞石、龟纹石、莲花石等。

《 千层石

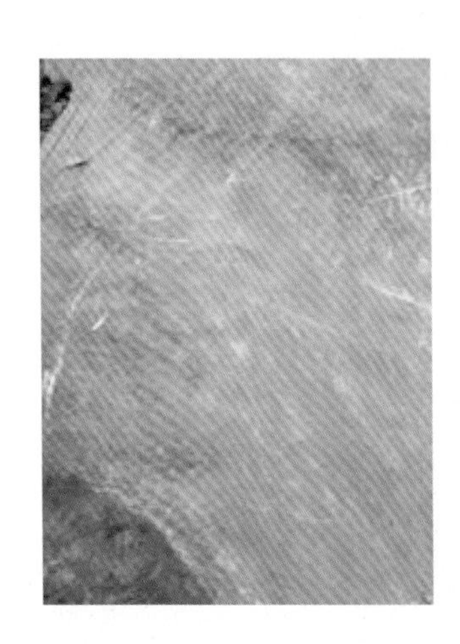

碧玉

碧玉是一种软玉，它是一种含水的硅酸盐，碧玉是和田玉中的一种，它的体内含有许多矿物质，其中氧化铁和黏土矿物等矿物质的含量可以达到20%以上。碧玉的基础色为绿青色，常见的有绿色、灰绿色、黄绿色、暗绿色、墨绿色等颜色，它的身上常常含有一些黑色的点状物，这些点状物其实就是绿帘石或磁铁矿形成的，玉石鉴定者往往会凭借这一特点来鉴定碧玉。

≫ 碧玉原矿